A tutti i cultori dell'arte medica,

a coloro che sanno afferrare

la priorità della mente e dell'anima

sulle dinamiche del corpo

Carlo Mele

Medicina Quantico-Mentale

Lulu edizioni

Copyright © 2015 by Carlo Mele per Lulu edizioni

Tutti i diritti riservati

Prima edizione. Giugno 2015

Nessuna parte della presente opera può essere riprodotta senza la specifica autorizzazione dell'editore e dell'autore

ISBN   978-1-326-31287-9

Premessa dell'Autore

Nell'intenzione originaria, questo libro era destinato a fungere da testo di supporto alla mia nuova scuola di formazione in Medicina Quantico-Mentale. La sua divulgazione sarebbe rimasta relegata, pertanto, alla sola cerchia degli studenti.
Una successiva quanto inattesa evoluzione, tuttavia, mi portò poi ad allargare il raggio della sua divulgazione a tutti coloro che volessero abbeverarsi alla fonte di questo nuovo sapere, nella certezza di fare cosa gradita a molti, e perché no di incoraggiare ancor più chi serbi in animo, magari ancora un po' velatamente, di fare di quest'arte una nuova professione.

.

Capitolo 1

Una medicina tutta quantica

Medicina è l'arte del diagnosticare i mali e del curarli. Nulla di più semplice. Vi sono molti modi tuttavia per conseguire un tale obiettivo. Tutto sta a una questione di ottiche, ossia all'angolatura dalla quale si osserva il tutto, il male, la sua origine, la sua natura, la stessa natura fisica o mentale di base che sta dietro ad ogni manifestazione.

Tutta l'impalcatura anatomica o fisiologica del corpo ad esempio può essere rivisitata in modi differenti, a partire dalla medicina allopatica tradizionale, che guarda l'anatomia apparente degli organi o l'istologia dei tessuti o la fisiologia delle cellule basandosi sulle strutture fisiche apparenti o sulle funzioni biologiche, e quindi biochimico-molecolari, così come quel piano di osservazione vede e contempla, mentre la medicina cinese guarda soprattutto a speciali linee di scorrimento delle energie e di connessione funzionale tra organi e apparati, senza seguire più la disposizione morfologica e funzionale di organi e tessuti secondo linee apparenti. Altre medicine si fondano poi su presupposti ancora più sofisticati e differenti, come nel caso della omeopatia, della naturopatia e via discorrendo.

E' una questione di ottiche dunque, ossia di punti di osservazione dai quali guardiamo il corpo fisico, le sue funzioni, le sue correlazioni funzionali, le sue attività biologiche di fondo. Se noi guardiamo il corpo da un punto di vista quantico ad esempio, allora abbiamo una percezione ancora diversa, tutta nostra, di quelli che possono essere i processi di malattia, ma anche delle stesse funzioni fisiologiche di base, che non si limitano più a questo punto a ciò che appare sul piano fisico (anche microscopico), e sul piano funzionale, sia macroscopico (fisiologia del corpo) che microscopico (metabolismo e processi biochimico-molecolari). Qui abbiamo a che fare con una visione differente, che è fatta di quanti di energia e di funzioni quantiche, un linguaggio diverso per parlare di anatomia e di fisiologica macro-e microscopica del corpo.

Da un punto di vista fisico dunque il corpo è una macchina, fatta di tanti apparati deputati all'assolvimento di determinati compiti, dall'apparato scheletrico e muscolare che s'incarica di assicurarci la postura eretta, il movimento e tutte le possibilità d'interazione e di comunicazione con il mondo nel quale siamo quotidianamente immersi, all'apparato digerente che ci assicura l'assunzione dei cibi e dei nutrizionali dall'esterno e la loro riduzione a bolo alimentare e poi l'estrazione da essi di tutto il contenuto alimentare e calorico necessario (proteine, carboidrati, lipidi, vitamine, sali minerali e quant'altro), ed ancora all'apparato respiratorio che s'incarica di assumere ossigeno dall'ambiente per passarlo nei globuli rossi e restituire poi all'ambiente esterno anidride carbonica, all'apparato cardiovascolare che si preoccupa di pompare sangue in tutto il corpo onde ossigenare i tessuti e raccoglierne poi l'anidride carbonica derivante dal catabolismo cellulare e riportarla poi ai polmoni, per via dei quali eliminarla, all'apparato nervoso che ci permette di ricevere stimoli dal mondo sensoriale esterno, decodificarli nell'encefalo, e poi emettere impulsi motori per gli arti, ma anche di regolare le attività interne ed automatiche del corpo (sistema nervoso autonomo, simpatico e parasimpatico).

Beh, una macchina complessa, fatta di tutti questi apparati interdipendenti tra loro, in correlazione operativa.

Il cervello è un po' la nostra centrale del pensiero, della memoria, del calcolo logico o razionale, delle associazioni mentali, e rappresenta un po' la nostra mente quando essa si esprime a livello corporeo. Non dimentichiamo che la mente alla radice è un'energia incorporea, ed è anche coscienza, ossia tutt'altro che il cervello, una funzione superiore che non attinge a questa dimensione fisica, e che il cervello rappresenta lo strumento meccanico e quindi fisico del quale essa si serve per assicurare al nostro corpo fisico queste funzioni mentali più corporee. Non dimentichiamo che noi possiamo funzionare ad un livello fisico, e questo è quello che accade nella media della gente e nelle condizioni medie di coscienza dell'uomo, ma possiamo anche funzionare ad un livello più sottile (quarta, quinta dimensione), nel qual caso non siamo più cerebrali, o lo siamo sempre meno. In questi ultimi casi il cervello funge più da organo ricevente e di collegamento con gli impulsi sovrasensibili, di smistamento diciamo più che da organo effettore.

Gli impulsi intellettivi non nascono nel cervello, ma provengono dai piani (o dimensioni) più elevati, impulsi che il cervello riceve ed elabora in "linguaggio" umano o intelligibile. Il cervello insomma è un "super-computer", non inventa niente. L'invenzione, come anche l'intuizione tutta, sgorga sempre dalle menti superiori delle dimensioni sovrasensibili, che ci "imboccano" come bambini.

L'encefalo è un agglomerato fatto non solo dal cervello, ma anche dalle strutture nervose del tronco encefalico e del bulbo, ove hanno sede tanti centri nervosi implicati nella regolazione di importanti aspetti della vita vegetativa del corpo (centri regolatori della respirazione, della frequenza cardiaca, ecc.), ed attraverso cui passano comunque le vie nervose efferenti ed afferenti (motorie e sensoriali) che proseguono la loro marcia poi nel midollo allungato che passa all'interno del rachide (colonna vertebrale), dal quale si dipartono poi le radici nervose che giungono agli arti.

Tracceremo le basi dunque di una nuova anatomia, che non sarà quella fisica, ma quella quantica, e butteremo le basi poi di una fisiologia quantica, una differente visione che vorrà garantirci la correlazione funzionale quantica delle diverse parti di noi, di quel tutto che noi chiamiamo corpo e che risulta poi un'unità funzionale di diversi livelli di energia e di funzionamento.

Occorre considerare tre differenti livelli vibratori e funzionali dentro di noi, al di là della sfera strettamente fisica:

1) Livello Psico-emozionale

2) Livello dell'Eros vitale

3) Livello Quantico-mentale

In questa nostra trattazione dunque non ci intratterremo sugli aspetti di carattere meramente fisico, dei quali ci basta avere una cognizione di base elementare, quale il sapere cosa sia un torace o delle costole o dove si trovi il fegato o roba del genere. Chi non sa dove si trovi il cuore o cosa sia l'intestino? La nostra medicina non si fonda su cognizioni fisiche, ma su una visione vibratoria dell'essere umano, che procede dalle vibrazioni emozionali (più o meno "rimosse"), alle vibrazioni dell'Eros vitale, per giungere alle più alte vibrazioni quantico-mentali.

Non esiste un male fisico cui non si sottenda un male interiore. Ho visto giungere alla mia osservazione persone con collassi vertebrali (vertebre dorsali) che ad un primo impatto parevano parlare solo di una problematica osteoarticolare, quali un gibbo dorsale, accorciamento della colonna con riduzione dell'altezza del corpo, dolori dorsali, nei quali casi poi a ben guardare, approfondendo l'analisi completa dell'essere, innalzando le energie quantiche globali, si riusciva a percepire nettamente come il crollo vertebrale fosse conseguenza di un crollo "morale", psichico, per via di tali e tanti guai dalla persona vissuti, che a suo stesso dire se ne poteva candidamente fare un "dramma greco"! Quale vero crollo mi era stato portato all'osservazione, alla fine? E quale la relativa cura? Era il caso di iniziare a curare le vertebre, o non piuttosto di iniziare a curare quel "morale" distrutto? Cosa viene prima, l'uovo o la gallina?

Beh, questa nostra nuova scuola di **Medicina Quantico-Mentale** non vorrà dunque approcciare il paziente e la malattia al pari di certa scuola della tradizione, dove si dà troppa priorità al sintomo, e si trascura invece cosa c'è dietro di esso, il vero dramma dell'anima, ciò che collochiamo nel livello psico-emozionale del soggetto. Gradiremmo che questa nostra scuola di medicina fosse qualcosa di meno teorico e di più pratico, che fosse un'esperienza integrata di pratica e di teoria continua, un insegnamento vivo ed un'esperienza viva anche da parte dell'apprendista terapeuta, qualcosa che dia un più immediato senso dell'esperienza del male e della cura attraverso soprattutto degli esempi terapeutici vivi, dei casi da me vissuti e qui raccontati, e nel contempo di una pratica che gli studenti dovranno abituarsi a fare sin dal primo giorno dei loro nuovi studi.

Penso che il miglior modo per apprendere una scienza operativa delicata come quella della guarigione quantica si debba fondare su una pratica, che spieghi come si muovono determinate cose, più che su una teoria che poi avresti difficoltà a tradurre in pratica. Quanta gente usciva dalle università, dalle scuole di medicina tradizionale imbottita di nozioni e poi, nonostante il suo bravo centodieci e lode alla laurea, davanti al paziente non sapeva neanche da che parte cominciare!

A buon intenditor…

Capitolo 2

La sofferenza ed il copione esistenziale

Si è detto che questa medicina vede l'uomo dal lato energetico, quantico nella profondità, e poi ancora vitale ed in ultimo psico-emozionale. La parte fisica rappresenta il terminale di questa catena di stati vibratori, e tutto il funzionamento della macchina biologica è condizionato strettamente e rigorosamente da questi equilibri di energia (e quindi anche emozionali di profondità).

Tutte le reazioni biochimico-molecolari (il metabolismo cellulare e tissutale) difatti sono decisamente influenzate da queste spinte profonde d'energia, che rappresentano impulsi primari nel dettare la forza e la qualità dei processi biologici stessi, contrariamente a quello che pensano gli organicisti, per i quali le reazioni metaboliche sarebbero un fatto a sé, automatico quanto non influenzabile da altri fattori. E qui casca l'asino, e da questo il fallimento delle vecchie forme di medicina! Poiché si fermavano solo alla corporeità, senza vedere né capire l'interconnessione tra la componente biologica e la sottostante direzione energetico-coscienziale, ciò che in una parola sola possiamo definire la mente, una mente psichica, erotico-vitale e super-conscia vera e propria.

Parliamo di mente poiché è un fatto di intelligenza, ma anche di volontà, il che vuol dire che ciò che sta nel profondo è in grado di governare ciò che avviene più in superficie (processi biologici del corpo), o di cambiarne proprio il destino, il percorso operativo, gli obiettivi. Comprendete la gravità di questa lacuna?

E' stato disertato per tanto tempo il motore mentale dei processi corporei, i quali processi sono stati visitati come qualcosa di autonomo e di autosufficiente, per cui ogni qualvolta essi s'inceppavano (malattia) ecco che la causa veniva puntualmente attribuita a fattori esterni ad essi, esogeni come si suol dire, vedi il tale virus o il tale batterio o la talaltra noxa patogena. Mai che si riuscisse a vedere cosa ci fosse più in profondità, cosa ci fosse di proprio e non di esterno dietro ai nostri squilibri fisici! Da qui poi la tendenza a curare tutto ovviamente attraverso fattori esterni, rimedi che tentassero di raddrizzare il metabolismo ad un qualche livello (farmaci), apportando poi più spesso danni (effetti collaterali) che altro.

Insomma, per loro le cause venivano sempre dall'esterno e dall'esterno si dovevano trovare i rimedi! Esattamente l'opposto di quello che andiamo a sostenere noi: le cause sono sempre all'interno di noi (squilibri emozionali o conflittuali, e quindi vitali e quantici), ed è all'interno che dobbiamo guardare, per porre rimedio agli squilibri stessi. La causa è nell'interno e la soluzione lo è altrettanto.

Queste le basi della nostra medicina.

Ma è fondamentale, ancor prima di approfondirci in discorsi tecnici, di prassi terapeutica, guardare l'esperienza dell'uomo ancora più ampiamente, ossia nelle sue significazioni esistenziali (ancorché spirituali, come direbbe qualcuno, termine che per quanto ci riguarda lascia un po' il tempo che trova!). E' chiaro che se un paziente soffre nel corpo di un qualche male, è perché dentro di lui v'è uno stato di sofferenza interna, dell'anima oseremmo dire, ossia uno squilibrio che è per l'appunto emozionale prima ed erotico-vitale poi, a ruota "quantico" (termine con il quale possiamo oggi sostituire il vecchio concetto di "spirituale").

Nessuno ama stare male, per cui se dentro di noi si entra in sofferenza è perché qualcosa non sta girando per il verso giusto. Lapalissiano no? Lo capirebbe anche un bambino! Ma cosa non sta girando per il verso giusto? Il paziente non ne è cosciente, perché ha scaricato tutto il suo dramma interiore direttamente sul corpo, ed il suo dramma ora è diventato solo quello del corpo. Non vede altro. Non verrà mai da te terapeuta a dirti "Sa, dottore, il mio dramma è dentro!", perché se lo vedesse, lo avrebbe già affrontato e mezzo risolto da sé, se non proprio tutto, no?

E' chiaro che il paziente verrà da te solo a lamentarsi dei suoi problemi fisici, e questo perché egli ha eretto una spessa barriera tra i suoi veri problemi profondi e la superfice del corpo! Il suo problema è solo nel corpo, non verrà mai a dirti che i suoi veri guai sono dentro! E potrebbe anche sentirsi disturbato, qualche volta, se tu in prima battuta gli accennassi al fatto che i problemi possono essere di natura interiore! Attento pertanto a quello che dici ai nastri di partenza! Certi passaggi il paziente li deve conquistare gradualmente da solo, altrimenti non avrebbe quella barriera, che equivale ad una difesa dalle sue vere difficoltà.

Se il paziente preferisce dire che i problemi sono solo nel corpo, inventandosi tutte le cause possibili, complice anche certa medicina di sistema, poco colta e strumentale più che altro ad interessi commerciali di parte, è perché non gradisce che si guardi dentro le sue vere piaghe! Ma quali saranno poi queste vere piaghe? Una forte difficoltà con se stesso. Altrimenti non avrebbe bisogno di un medico!

Molte persone si vengono a trovare in un contesto di vita schiacciante e difficile, a te portano il terminale fisico dei loro combattimenti interni, ma la vera difficoltà in loro è ancora a monte. Non dobbiamo dunque perdere di vista quello che rappresenta un po' la prova di vita per ciascuno di noi, molti dei quali soccombono a situazioni evidentemente troppo dure, finendo in malattia. Quando sei schiacciato da un carico troppo pesante per te, ecco che scarichi tutto sul corpo, che finisce col diventare il ricettacolo dei tuoi carichi interiori.

Molta gente non ce la fa a reggere il peso delle sue prove di vita, e crolla nella malattia. Alla fine la malattia diventa la causa ufficiale dei loro guai, nella loro ottica: ma non è così. La causa è sempre interiore. Essi non hanno retto alle loro prove schiaccianti di vita (e ce ne sono di tutti i tipi su questa terra, ed ogni paziente ha la sua da raccontare!), e sono crollati nella malattia. E preferiscono dire che la causa di tutto è il loro male, non diranno mai che è il contrario: hanno sviluppato un male perché non ce l'hanno fatta a reggere il peso delle loro penosissime esperienze.

A nessuno piace ammettere la verità quando è sgradevole, né tanto meno dichiarare un fallimento, a nessuno piace perdere. Ecco, la malattia diventa un'occasione di giustificazione delle proprie impotenze esistenziali, o talvolta addirittura un maldestro tentativo di recuperare pietà e considerazione dagli altri, o di guadagnare addirittura il centro dell'attenzione, là ove da sani proprio non se li filerebbe nessuno!

V'è una perversione di fondo nell'essere umano, che ci porta spesso ad adottare vie traverse per ottenere cose che dovremmo e potremmo ottenere per vie dirette. E adottiamo le vie traverse quando non riusciamo ad usare le vie dirette: perché non le vediamo! Occorre allora capire qual è la nostra storia di uomini ed il significato di questa nostra prova di vita qui sulla terra. E' inevitabile doversi fare un quadro ben più ampio quando si approccia la sofferenza umana. Occorre capire cosa è la sofferenza, da dove viene, come la si corregge, altrimenti non si può aiutare il prossimo. Un terapeuta deve essere una persona abbastanza accresciuta e ben sviluppata essa per prima, per poter portare aiuto ad un'altra persona che sia ancora bambina nel profondo, e che soccomba alle sue sotterranee lacune di fronte all'incalzare delle dure prove della vita.

Tutto ha un senso qui, per cui ridurre il problema della sofferenza a quattro fatti fisici, o peggio ancora a fattori virali e robaccia del genere, significa proprio non aver capito niente del senso profondo del nostro esistere in questa dimensione! Da qui il fallimento di certa vecchia medicina, che aveva solo i prosciutti sugli occhi!

Siamo qui piuttosto per conquistare sempre crescenti gradi di forza interiore e di potenza mentale, per poter essere alla fine vincenti su tutta l'avversità che si presenza normalmente nella materia. Questo è lo scopo della vita. E conoscenza è l'acquisizione di gradi di visione e di potere sempre maggiori, in questo scontro con l'opposizione di realtà, con quella forza di negazione che ci impedirebbe anche di respirare se potesse. Esiste, ed alla fine opera dentro di noi. Ma quanti sono disposti ad ammetterlo?

Conoscere non è mettersi i prosciutti sugli occhi! Quella è solo ipocrisia, ma alla fine non ti risolve i veri problemi. E allora abbiamo il dovere di vedere come funziona questa realtà, se vogliamo iniziare a capirci qualcosa ed a muoverci sapientemente all'interno di essa, ossia con successo. Tu non puoi avere successo su te stesso e quindi su questa realtà, se non sai come funziona. Non puoi guardare solo i terminali fisici del corpo, ma devi guardare tutta la complessità della macchina interiore ed esistenziale, che si muove in modo sincronico, ed avrai molta più possibilità di essere vincente, nella stessa misura in cui saprai come tutto ciò funziona e come muoverti in modo costruttivo ed utile. Matematico: il sapere è potere!

E allora diciamo pure che questa realtà è duale, non solo nell'ambiente fisico (vedi giorno e notte, caldo e freddo, maschile e femminile), ma anche dentro di noi, nelle forze psichiche che si muovono nei nostri sotterranei. La distruttività è una forza vera e propria, non una fantasia, né solo un concetto: è un motore che gira all'inverso, che cerca sempre di portarci fuori strada, di farci sbagliare e, potendo, di annientarci. Tale forza è in noi, e si ha il dovere di vederne l'esistenza. Questo non vuol dire darle importanza, ma vuol dire sapere. Tu non puoi non sapere, non vedere, altrimenti su che cosa fai la corsa?

La costruttività, al contrario, è la forza di vita che cerca sempre di creare cose buone, progresso a tutti i livelli, individuale, sociale, planetario. E questa forza è altrettanto dentro di noi. Essa preme sempre per il benessere, ma è contrastata dalla forza opposta, che ci sobilla nella mente. Da qui il conflitto, che esiste normalmente dentro di noi già a livello di pensiero. Pensi una cosa, ma già c'è qualcos'altro che tende a farti pensare all'opposto.

Il conflitto è una cosa normale dunque dentro di noi, strutturale, quotidiano, ma diventa fonte di patologia quando di fronte ad una situazione di vita in quel momento più grande di noi andiamo in tilt, reazioni emozionali abnormi ci sopraffanno (turbamento, trauma, shock, ecc.). Il tutto avviene nell'inconscio, noi lo subiamo lì per lì senza neanche saperlo. Ed è su questo terreno negativo che agisce la distruttività, per portare acqua al suo mulino, per irretirci totalmente nelle sue trame perverse.

In quel momento la tua quota distruttiva si fa preponderante rispetto a quella costruttiva, per cui già nel pensiero sei sopraffatto da spinte distruttive, tendenziose, paure, ossessioni, e tutto questo poi appoggiato dalle tue tendenze genetiche di fondo. Ricorda che noi ereditiamo sempre qualcosa dai nostri antenati, e direi molto spesso più difetti che pregi, e quei difetti, certe tare, in quel momento di particolare squilibrio e precarietà in te si esaltano alla massima potenza. Ed è cosi che tu puoi cadere nella malattia mentale (anche una semplice nevrosi magari, con fobie, ossessioni o altro ancora). Poiché anche l'ambito mentale può diventare il terminale della malattia, al pari di quello fisico. E' sempre e comunque malattia, squilibrio.

E' importante che tu abbia un quadro chiaro di queste dinamiche profonde, che sono alla base di tutto il processo della sofferenza umana. La sofferenza è propiziata dalla forza distruttiva, in assenza della quale essa non esisterebbe nemmeno! E' una forza che fa sempre di tutto per inventare dolore, patimento, e troverà sempre terreno dentro di te, facendo leva sulle tue lacune profonde, che provengono quasi sempre dall'infanzia, ed in parte remota anche dalla genetica. Sono lacune dell'affettività, della sicurezza personale, della fiducia e dell'autostima, di quella forza dell'io che non nasce come tale sin da piccoli, ma che si struttura in relazione all'ambiente nel quale viviamo, e tale ambiente è da subito incarnato da mamma, papà, sorelle o fratelli.

La forza dell'io si auto-sviluppa o si auto-decrementa dunque, in base alle esperienze vissute in famiglia prima e nella società poi. Occorrerà lottare poi da cani, una volta adulti, per ricostruire equilibri lacunosi eventualmente lasciati da queste relazioni parentali originarie! Poiché spesso ne usciamo con le ossa rotte da questi rapporti.

Quando da piccoli non ci hanno aiutati (non ce ne vogliano i genitori, ma sbagliare è umano, poiché anch'essi avevano a loro volta le loro lacune da colmare!) ad essere più forti e sicuri di noi, ma ci hanno inculcato spesso sensi di colpa o di insicurezza, ecc., cosa vuoi che ne venga fuori poi da grandi? E' chiaro che alla prima occasione, e la vita ti proporrà sempre le occasioni giuste per colpirti nei tuoi punti deboli, ti troverai scoperto ed a mal partito davanti a quella data situazione, una relazione affettiva, lavorativa, qualunque situazione difficile che ti si ponga davanti.

Se uno partisse teoricamente con una copertura di forza a tutto campo, dentro di sé, sarebbe come un muro difficile da scalfire. Nessuna situazione riuscirebbe ad intaccarlo, ma a quel punto nessuna situazione-prova avrebbe neanche più motivo di arrivare! Poiché non ne richiameremmo. Ma questo è qualcosa di teorico, poiché nella realtà non è così. E rappresenta un po' il nostro obiettivo primario nella crescita: diventare forti ed invulnerabili ad ogni avversità.

Ma questo richiede una grande energia da accumulare dentro. E l'energia non la trovi per strada o già fatta: te la devi conquistare! Una tale fortificazione te la devi costruire amico mio, devi diventare un fortino inespugnabile. Tale deve poter essere un terapeuta! Un rango d'energia e di coscienza di caratura superiore, una fonte di forza e di luce abbastanza invulnerabile. Ma nell'uomo della strada tu troverai invece tali e tante lacune (già provenienti dall'infanzia e rafforzate poi da ulteriori tare scaturite dall'ereditarietà), che le falle nel muro interiore si fanno troppe e minacciose, facile accesso a tutto ciò che è distruttività, e richiamo di situazioni nate ad hoc per generare ulteriore sofferenza, difficoltà, malattia: per un circolo vizioso senza fine!

Il motore della vita (lato oscuro) ti richiamerà inesorabilmente proprio le situazioni giuste per metterti in difficoltà, per agire sui tuoi punti deboli, per infierire sulle tue lacune di fondo. Situazioni, persone, personaggi vari che ruoteranno attorno a te sono solo gli strumenti di un gioco che nasce sui piani profondi e più sottili. E' lì la cabina di regia, e sei tu stesso. Si può dire a giusta ragione che ciò che ruota attorno a te è l'esatto specchio di quello che sei tu, nella positività come nella negatività. La tua realtà sarà aspra se tu sei aspro, sarà avara se tu sei avaro, sarà dolce se tu sei dolce. E' il tuo specchio. In che cosa credi? Ciò si materializza attorno a te.

Tanta gente si lamenta del fatto che tutto le va male, e non vede che ciò che le gira attorno dipende solo da ciò che le si agita dentro. Il fuori per loro è una cosa, il dentro un'altra. E' l'atteggiamento classico di chi non vuol vedere, ma anche di chi subisce senza capire! Poiché si manifesta fuori esattamente lo stesso teatro che ci portiamo dentro. Gente pessimista, sfiduciata, ed adirata con tutto e con tutti, che si sente solo vittima, trova fuori esattamente quello! Ma poi si lamenta che tutto le va storto! E i suoi difetti, dove stanno? Qual è la sua concezione della realtà? In che cosa è lacunosa? Quello vede fuori.

Il cambiamento deve avvenire dunque sempre prima dentro, per poterlo vedere dopo fuori, e non come vorrebbero in molti, che se lo aspettano sempre e solo dall'esterno, senza che essi debbano mai cambiare nulla! Quando sono pieni poi di buchi neri! E' una realtà impietosa questa, che non fa sconti a nessuno! Ogni pur piccola tara la paghi, ogni lacuna. Dovresti nascere già come un muro tosto e perfetto per non avere mai problemi:

ma esiste forse un essere umano del genere, una volta venuto alla luce in una simile foresta oscura?

Qui subirai da subito il gioco al massacro della distruttività, che non ti perdonerà niente! Se non sei perfetto, dovrai dunque darti da fare per esserlo al più presto. O dovrai soffrire all'infinito! L'azione disturbante può dunque esserti portata per mano di una situazione o di un'altra, di un dato personaggio o di un altro, ma questi sono solo strumenti di una forza: può cambiare il copione, il teatro di percorso, ma la tua prova non te la toglierà nessuno: poiché ricalca la tua lacuna.

La stessa situazione ad esempio non capiterà mai ad un altro che non abbia quel tuo tipo di lacuna: per lui non sarebbe motivo di difficoltà, per cui non verrebbe mai sollecitato su quel punto. A quel tale piuttosto giungerà una situazione di altro tipo, proprio quella che rappresenta il suo personale tallone di Achille, il suo anello debole della catena psichica. Una tale situazione a te magari non capiterebbe mai, poiché tu sei forte invece in quel dato punto, e la distruttività non troverebbe terreno per attaccarti lì. Per cui ognuno ha il suo punto debole, e quel punto debole si tramuta nella sua prova e nella sua sofferenza.

Sta a noi alla fine avere una visione costruttiva che ci permetta di trasformare ogni situazione di sofferenza e di prova in una ottima occasione di crescita e di rafforzamento, di girare tutta l'impotenza e l'ignoranza nel loro opposto. Questo è ciò che si prefigge fondamentalmente un'azione terapeutica.

Conclusione: la vita è un gioco affatto facile, che puoi rendere avvincente a patto solo di guardala nella giusta ottica, di averne guadagnato la vera dinamica. Tutto puoi ottenere, poiché le potenze quantico-mentali te lo possono permettere, ma devi prima saper camminare su te stesso, e superare i tuoi punti oscuri. Non devi avere più lacune. Allora sì che sei una forza, un muro impenetrabile su cui poter costruire tutto ciò che vuoi. Anche i miracoli. Ma devi essere un'altra vibrazione.

Dovrai passare prima, allora, per il severo esame delle tue vecchie lacune, dei tuoi limiti, dei tuoi difetti. Saranno essi inizialmente i tuoi padroni, i tuoi giudici, direi ancor meglio i tuoi maestri. Non ci sono altre teorie più comode! Non lasciarti ingannare da chi vende fumo. Poiché se la vita fosse veramente facile, non ci sarebbe chi nasce senza gambe o senza braccia!

Capitolo 3

Il teatro fisico della sofferenza interna

Non possiamo capire la sofferenza, dunque, senza cogliere tutta la dinamica esistenziale che alita dietro di essa. Nulla si muove a caso difatti, e siamo qui fondamentalmente per imparare. Tutto quello che viviamo si finalizza all'apprendimento, a partire dallo studio delle nostre reazioni, dei nostri impulsi, allo studio delle superiori possibilità che rechiamo in noi di fronteggiare con maggior successo la realtà, la vita, la materia.

Siamo dunque in una scuola, e non capire la motivazione "scolastica" che alita dietro ad ogni evento di vita e dietro ad ogni nostra reazione, finanche patologica, significa disertare le motivazioni più profonde della nostra esperienza di vita qui nella materia. Non esiste dunque una psicologia che sia scollegata da questo nostro scopo profondo del vivere. Tutti i vari piani di noi, da quello psico-emozionale a quello erotico-vitale, a quello più altamente quantico-mentale, cooperano ad un unico fine: migliorare le nostre reazioni, diventare più positivi e fattivi, alla fine più potenti, più efficaci in tutto ciò che pensiamo e facciamo. Diventare in ultimo vincenti, ossia vincere sulla nostra stessa impotenza umana.

L'impotenza è la condizione nella quale alberga la gran massa delle persone, l'uomo di media caratura, nel quale, pur a dispetto di tutta la sua probabile presunzione, non si sono sviluppati a sufficienza i mezzi interiori, per fronteggiare in modi più efficaci e vincenti ogni avversità della vita reale, fino a padroneggiarla. Tutta la conoscenza passa per una serie di esperienze che sono, in primis, esperienze di coscienza di se stessi e delle proprie reazioni emozionali, solo successivamente di miglioramento delle proprie spinte pulsionali dell'Eros, ed alla fine di dominio e sviluppo delle superiori aree quantico-mentali. Noi facciamo in terra uno speciale percorso di conoscenza e di studio di noi stessi e di sperimentazione delle nostre possibilità, passando prima per la sconfitta ed il dolore, l'impotenza per dirla in sintesi, per poi raggiungere, nel tempo, quella maggiore consapevolezza di noi, quel sapere e quel potere che qualificano alla fine una potenza mentale ed esistenziale vera e propria.

E' una scalata la nostra, ed è importante prenderne visione, se si vuol capire cosa passa l'uomo medio che viene da te terapeuta, quali processi e quali drammi possa stare vivendo in quel momento, sempre nell'ottica di quel suo dato passaggio scolastico di vita. E' sempre una scuola, non dimentichiamolo. Per cui se non sappiamo inquadrare quale tipo di passaggio scolastico stia facendo un paziente nel qui ed ora, in quel suo momento di relativa impotenza e difficoltà, che cosa stia soffrendo, non saremo in grado di aiutarlo. E noi terapeuti dobbiamo giocoforza albergare in un grado di coscienza e di conoscenza necessariamente superiori al suo, altrimenti non potremo soccorrerlo.

Un terapeuta deve essere necessariamente dunque una persona di buon livello evolutivo, altrimenti non riuscirà ad inquadrare a sufficienza la sofferenza e la difficoltà di vita dell'altro, e ad aiutarlo a trovare le vie di uscita efficaci. Una persona che si venga a trovare in difficoltà con se stessa è sicuramente in un incaglio, psicologico, emozionale, ma anche erotico-vitale, ed alla fine quantico-mentale. Ma cosa viene prima, l'uovo o la gallina? Sta a te terapeuta riuscire a leggere la difficoltà del paziente, le significazioni profonde della sua prova di vita, fosse anche una persona di novant'anni, ed aiutarla a vincere su se stessa, a superare le proprie debolezze o lacune, a trovare equilibri più potenti e vincenti.

Non esiste una terapia medica che non sia prima ancora una terapia psichica ed alla fine esistenziale. In quale tipo di ottica o prova si colloca quella data sofferenza? Da dove scaturisce? Quali ne sono le lacune di fondo della personalità? A queste domande il terapeuta deve dare risposta, anzitutto dentro di sé, e man mano anche al paziente.

Ti porterò allora il caso di una paziente che si presenta da me per un problema tumorale ad un ginocchio. Il suo problema ufficiale è quello. Ella, donna di cinquantacinque anni suonati, è preoccupata perché le hanno diagnosticato (medicina tradizionale strumentale) un mezzo sarcoma a carico del femore, ed il ginocchio le fa un male boia. Le hanno detto che c'è una porosi ossea galoppante a quella gamba, ed ella ha difficoltà anche a camminare, temendo che l'osso del femore possa rompersi da un momento all'altro.

Che invalidità ha in realtà questa donna? Quando vado a lavorarci sopra, mi accorgo che la mancanza di compattezza ancorché nell'osso e nel ginocchio è anzitutto nel suo io! La persona in pratica sta vivendo una sorta di sfilacciamento con se stessa, per via del pessimo rapporto col marito, un tipo piuttosto egocentrico ed autoritario, che pare corrispondere sempre meno a quelle che sono le sue personali richieste d'affetto, di stima e di rispetto. Lo sfilacciamento è lì, non è nell'osso femorale o nel ginocchio, che rappresentano solo i terminali fisici della sua lacuna interiore.

Dopo un po' inizio a lavorare anche sul suo ginocchio, ed esso dà già segni di miglioramento, ma il dolore, il vero dolore è nell'anima. E si finisce inevitabilmente col parlare del suo rapporto col marito. Poiché è là la piaga. Lei non accetta quel suo modo di fare e lui non accetta il suo. Chi ha torto e chi ha ragione in un caso del genere? Ma intanto la paziente soffre nel corpo, ed ancor prima nell'anima.

Esiste sempre una relazione di coppia in casi come questo, per cui anche se la paziente ha avuto il coraggio di dichiararsi come polo ammalato, essa non rappresenta mai l'unico polo della coppia. Qui la dinamica è a due. Ma resta il fatto che l'altro non lo si vede, per cui noi abbiamo a che fare con la sola paziente che si dichiari tale! Per cui dobbiamo lavorare solo su di lei, su quel solo polo della coppia, in questi casi. La aiuteremo pertanto a migliorare il rapporto con se stessa, a trovare maggiore forza e convinzione in sé, e perché no anche maggiore elasticità nel rapporto con l'altro, il che vuol dire pazienza, tanta pazienza, e amore.

Sta alla paziente poi decidere cosa fare della sua vita, se proseguire in questa sua avventura di vita con lui o no. Noi non potremo mai dirle fai questo e fai quest'altro! Possiamo dare al più un consiglio, quando richiesto. Dobbiamo piuttosto restarcene neutrali in queste cose ed aiutare l'altro a trovare maggior forza, fiducia, convinzione in sé, elasticità ed amorevolezza. Le scelte poi le fa l'altra persona, come la sua anima le detta, non possiamo farle noi.

Sicché la paziente sceglie in questo caso la via dell'accettazione dell'altro e dei suoi difetti, e della pazienza, dell'allargamento dei propri confini. Una scelta sicuramente "spirituale", di più ampio respiro quantico diremmo più modernamente noi. Così il rapporto con lui può ora anche un po' migliorare, mentre migliora anche quel ginocchio. Ed aiutiamo la paziente intanto a trovare anche una maggiore forza in se stessa, il che rappresenta poi una sorta di chiave universale per tanti di noi: la forza, la sicurezza. Quanta gente è poco forte nell'energia complessiva del sé, o è sfilacciata con se stessa, se non proprio smarrita!

Quando vai a vedere come mai tanta gente è assillata da paure, fobie o ossessioni, ti accorgi che dietro questi meccanismi mentali di superficie alita sotto poi una grande sfiducia, una insicurezza personale, una carenza di forza vera del sé, uno dei fattori principe sui quali lavorare. Quando tu aumenti la forza del Sé nella persona, le stai già migliorando mezza situazione. A che vale tante volte lavorare subito e prioritariamente sul sintomo o sulla patologia fisica, se prima non provvedi a colmare le lacune profonde della personalità? E le lacune profonde stanno quasi sempre in questo: lacune della forza del Sé, della fiducia, della sicurezza personale.

Quando la paziente comincia a ritrovare una certa compattezza con se stessa, anche il suo osso femorale ed il suo ginocchio ritrovano la loro compattezza. Ed ecco che ella comincia a camminare con piglio più fiducioso, ed a mettere più agiatamente i suoi passi l'uno dopo l'altro. come mai avrebbe fatto fino a poco tempo prima, senza più essere attanagliata dalla paura che le si rompa il femore!

E' uno dei casi che ho recentemente visto. D'altro canto qui riporterò solo casi da me sperimentati, giammai aprioristica teoria, al massimo conclusioni frutto solo di personale osservazione. Una teoria della pratica, insomma! D'altronde scienza cosa è? E' osservazione, sperimentazione. Quando una teoria dimostra efficacia nella sua applicazione sperimentale, vuol dire allora che essa è verità scientifica, non solamente ipotesi di lavoro. E' un meccanismo funzionante insomma, reale.

Abbiamo intanto cominciato a chiarire come dietro ad una dinamica di sofferenza fisica o mentale vi sia sempre una dinamica di difficoltà esistenziale. In quest'ultimo caso la paziente non riusciva a gestire la durezza dell'impatto col marito, personaggio tosto e scomodo. V'erano ovviamente lacune della personalità di fondo in lei, magari risalenti all'infanzia. Noi non ne usciamo quasi mai vincenti dall'infanzia! Ci portiamo dietro mediamente tante lacune, le quali esplodono poi quando siamo "grandi" in motivi o pretesti di conflitto.

Questa paziente si stava sgretolando con se stessa, e l'osso del femore ne era solo il terminale fisico; stava avendo un cedimento psichico, era l'"osso interiore" in realtà il vero portatore di lacune! Quando tu aiuti la paziente a ritrovare la propria compattezza con se stessa, ella riesce a fronteggiare meglio la sua difficoltà, ed a gestire meglio la sua pur difficoltosa realtà coniugale, acquisendo meriti, virtù, intuizioni, comportamenti insomma superiori ed assai più produttivi, senza più scadere nel bisogno e nel disagio della frattura fisica.

Capitolo 4

La strategia dell'accesso

Cominciamo a capire dunque come l'essere umano risulti dalla fusione operativa di diversi piani vibratori, i quali operano in stretta continuità. Si tratta di piani vibratori a frequenza diversa, da quello fisico, sicuramente di più bassa frequenza, a quello psico-emozionale, di più alta frequenza, e quindi più profondo, animico, a quello dell'Eros vitale, di frequenza ancora più elevata, a quello più alto e più profondo quantico-mentale, dove le frequenze possono raggiungere anche quelle della luce e superarle. Si tratta di tanti vasi comunicanti, dove le energie dell'uno si interfacciano con quelle dell'altro, e dove un messaggio che provenga dall'uno si trasmette sinergicamente all'altro.

E' questo il motivo per cui finiamo col trasferire sul piano fisico difficoltà che provengono da piani più profondi, ai quali magari non riusciamo ancora ad avere accesso. Questo difatti implica una maggiore coscienza di sé, e quindi una più alta possibilità di autocura, di autosoluzione. Ciò che non vediamo sul piano profondo, lo viviamo e tratteniamo allora sul piano superficiale, del corpo fisico. E' una sorta di difesa questa al tempo stesso, il volersi mantenere in qualche modo in superficie per non vedere cosa alita nel profondo di noi. Non ci riusciamo e per questo abbiamo bisogno di aiuto.

Tutti coloro che riescono a salire nel proprio livello di consapevolezza, ad accedere cioè a piani più alti e profondi, parlano linguaggi più evoluti, e più difficilmente scadono nei bassifondi difensivi propri dei piani di superficie. Le persone più evolute non sviluppano più grossolane reazioni difensive a livello fisico, malattia fisica insomma, proprio perché si sono portate a livelli di consapevolezza e di frequenza vibratoria più elevati. Ma l'uomo medio non è così, l'uomo medio è di bassa frequenza, nel pensiero e nell'azione, con se stesso come con gli altri.

Il terapeuta deve appartenere necessariamente ad un rango più elevato, altrimenti, come già detto, non potrà aiutare l'altro. Per poterlo aiutare deve poter vedere le sue dinamiche da una postazione di più alta frequenza mentale, ovvero di coscienza superiore. Io non posso indicare a te una via da percorrere se io per primo non la vedo e non la conosco bene! Questo significa che il terapeuta per primo deve essere un frequentatore abituale del **Laboratorio Quantico-Mentale**, propulsore primario di ogni crescita di energia e di coscienza per l'essere umano, la vera fonte o presa diretta con gli enti di luce di quinta dimensione, e deve essere anche protagonista di una crescita personale attraverso adeguata pratica di concentrazione di auto-sviluppo, da condursi privatamente a casa propria.

Una coscienza di una certa levatura non la si può improvvisare difatti, ma solo coltivare, sviluppare, la si costruisce e sviluppa in anni di pratica. In questo nostro percorso didattico contiamo tuttavia di fornire allo studente le basi per un più rapido inserimento nella dimensione pratica della terapia. E' fondamentale tuttavia che l'allievo per primo si sottoponga ad essa, una esperienza di sapore didattico ovviamente, che qui potremo anche definire propedeutica: tu non puoi capire qualcosa se non la sperimenti sulla tua pelle!

Il futuro operatore deve dunque sapersi fare paziente, prima di essere terapeuta. Nel corso della terapia didattica il discente dovrà sperimentare la varie fasi della terapia, ossia i principi fondanti di essa, da quello della forza del sé, a quello della liberazione sessuale e della compensazione affettiva dell'Eros, a quello della pratica della guarigione corporea d'organo in senso stretto, a quello della pratica della potenza mentale e dei suoi potenziali sviluppi terapeutici. Tutti questi presidi operativi di base dovranno essere sperimentati individualmente, e questo al di là della esistenza o meno di una specifica patologia nello studente stesso. Solo vivendoli quest'ultimo potrà capire cosa sono e come funzionano.

La nostra pratica di terapia è intanto una pratica che si fa a paziente sdraiato sul lettino operativo. La prima cosa che devi fare è quella di imparare a generare un buon campo quantico. Il paziente è già sdraiato, e tu al suo fianco, in piedi, devi generare un campo quantico. Per poter fare questo, devi già esserti allenato a generare un campo quantico per conto tuo. Questo allenamento, che fai da solo a casa tua, è esatta proiezione e continuazione dell'esperienza che fai col gruppo nel Laboratorio, da dove ricavi la prima e fondamentale propulsione di energia.

A casa tua ripeti la **respirazione dinamica di base**, poi ti siedi e ripeti la formula iniziatica **KY24**, che ti dà immediata connessione con il logos di quinta dimensione ed i suoi enti di luce (Kryon).

La prima affermazione-chiave della quale dovrai imparare a servirti in terapia è: "**Uno stato di benessere totale**". Questa affermazione, ripetuta, genera un campo quantico utile per qualunque terapia. Questa è una base di benessere per tutti, un primo stadio di immersione in una vibrazione di luce che va bene per qualunque paziente, qualunque sia il suo problema.

Puoi iniziare ad affermare questa cosa accanto al paziente anche a viva voce, o puoi iniziare ad affermarla anche segretamente. Dovrai trasmetterla però a viva voce anche al paziente, prima o poi, e ripetutamente, affinché anch'egli inizi a partecipare al movimento di energia (generazione del campo).

Il paziente non è un pezzo di materia amorfa o inerte, un bel pupazzo insomma, ma è una mente ed una coscienza che interagiscono con te, che partecipano dei tuoi stimoli, reagendovi a loro modo. Per cui egli concorre in qualche modo alla generazione del campo all'interno di sé, anzi proprio ciò che egli produce è alla fine la cosa più preziosa! Poiché in fondo è lui il vero protagonista della terapia, per quanto al momento apparentemente passivo.

Questo lavoro terapeutico risulta dunque a due, anche se il grosso dell'amplificazione d'energia ce lo dovrai mettere certamente intanto tu. Ché, altrimenti, non saresti davanti ad un paziente! La potenza mentale è dalla parte tua, è naturale, sei tu il promotore di questo nuovo processo terapeutico. Ma egli vi reagisce, ricordatelo, non è inerte. Anzi più lo coinvolgi è più vi reagisce. Ed è questo un bel pezzo di segreto di questa nuova arte!

Nel mentre affermi "**Uno stato di benessere totale**", vai a toccare alcuni punti chiave del corpo, quelli che puoi definire plessi nervosi (o chakras secondo altri), e questo ti serve non solo per una trasmissione diretta di energia all'interno del corpo-psiche del paziente, ma anche per instaurare un migliore e diretto rapporto con lui, una certa sintonia, una maggiore confidenza se vogliamo. Il tocco terapeutico difatti resta sempre una via preziosa ed insostituibile nella trasmissione all'altro di speciali vibrazioni ed impulsi risolventi, ma anche di messaggi affettivi o erotici, o comunque guaritivi.

I primi punti da toccare sono quelli del plesso solare, sito sotto la bocca dello stomaco e del plesso ipogastrico, che sta più in basso, diciamo sopra alla vescica. Potrai toccare anche il plesso cardiaco, magari in un secondo momento, con uno scorrimento graduale delle punte delle dita, plesso che si loca sul torace, tra le due mammelle, ed in ultimo potrai scivolare sul punto della concentrazione (o terzo occhio della tradizione esoterica), posto tra le due sopracciglia, alla radice del naso. Non è tanto importante la sequenza con cui li tocchi questi punti, a meno che tu sensitivamente non avverti opportuno in un determinato caso muoverti in uno specifico modo, ma il fatto di toccarli in sé, per tutte le varie ragioni su esposte.

Non dimentichiamo che in ogni caso, quando tu poni le tue dita su un corpo, in qualsiasi parte del corpo tu le metta, starai trasmettendo comunque dell'energia, ossia vibrazione ultrasensibile. Questo già di per sé è terapeutico. Ma vi sono persone nelle quali un dato centro o punto del corpo (tra quelli da noi citati) risulta risuonare di più, ossia rappresenta una sorta di "portale" tutto personale, attraverso il quale passa molta più energia. E' il paziente stesso in genere a riferirtelo, fermo restando che hai sempre la possibilità di domandarglielo tu stesso al termine della seduta, in una sorta di indagine o feedback, utile a monitorare quali siano le peculiarità reattive del soggetto in osservazione.

Conoscendo le peculiarità reattive del soggetto, potresti in appresso migliorare e rendere ancora più elettive le tue comunicazioni di energia al suo corpo, sfruttando proprio i punti da lui specificamente indicati. Tuttavia non dimentichiamo che, nel prosieguo del trattamento, punti che in un primo momento potevano essere portali di maggiore risonanza, potrebbero passare successivamente in secondo piano rispetto ad altri, e questo per via della naturale trasmutazione d'energia e di coscienza che si determina attraverso il nostro lavoro terapeutico. Terapia d'altronde è cambiamento, ed un certo rimaneggiamento degli equilibri di partenza è sempre e comunque da mettere in conto.

Conviene sostare poi sui vari punti del corpo per un certo tempo; questo garantisce più passaggio di energia, ma anche più possibilità a te operatore di svilupparla e trasmetterla. E' sempre bene non essere frettolosi in queste cose, poiché tutto il tempo in più che noi concederemo alle nostre varie fasi operative, ad ogni singola nostra azione, permetterà al soggetto maggior assorbimento di energia e maggior penetrazione psichica del passaggio stesso di coscienza che in qualche modo stiamo promuovendo. Non dimentichiamo che ogni azione d'energia è anche una azione di coscienza, una sollecitazione di fattori che si muovono nell'inconscio (o anima) dell'altro. Diamogli pertanto il tempo di entrare più in contatto con se stesso, e di esplorarsi meglio. La fretta in queste cose non è mai una buona consigliera.

Si garantisce inoltre anche una maggior profondità al paziente, il quale tende da solo sistematicamente a sprofondare dentro di sé, anche se tu ufficialmente non stai facendo ipnosi. Un certo stato di trance e di rilassamento sono condizioni che si instaurano naturalmente in questi casi, per un bisogno del soggetto stesso. Egli è da te per rilassarsi, per capire, per superarsi, per uscire fuori dai suoi tunnel. E' naturale dunque che egli scenda in una certa profondità, e questo senza che tu debba neanche suggerirglielo! E' un suo moto naturale.

Lo stato di trance è una alterazione dello stato di coscienza che si avvicina un po' a quello naturale del sonno, ed è un fatto spontaneo, come quando tu resti imbambolato di fronte ad uno spettacolo inatteso anche ad occhi aperti: è una sorta di stato di blocco naturale che in certi casi avviene da sé. E questo accade spesso anche nel paziente, lì disteso ad occhi chiusi. È come se stesse assistendo ad una sorta di spettacolo nuovo e suggestivo su se stesso, che lo tiene avvinto in quello scacco stuporoso, come bloccato, ma dolcemente, curiosamente e spontaneamente.

Noi non cerchiamo ufficialmente la trance: in altre parole, non ci interessa portare la gente forzatamente in profondità, ma aumentare la sua energia e la sua coscienza di sé, il che potrebbe avvenire perfettamente anche ad occhi aperti! Ma è quel nuovo e forte contatto con se stesso che porta il paziente spontaneamente a chiudere gli occhi ed a immergersi quanto più dentro di sé. E' una sua esigenza. E quanto maggiore sarà questa immersione, tanto maggiore potrà esserne il profitto, un certo grado di abbandono e di rilassamento, che già di per sé sono terapeutici, e preludono all'allentamento delle più profonde tensioni.

Il paziente ne esce migliorato già ancora prima di aver capito i motivi veri delle sue profonde tensioni. Molta gente ha difficoltà ad abbandonarsi ad esempio, riuscire a farlo per loro è già terapeutico. Quando il paziente ha raggiunto una certa profondità, una certa immersione, e tu avverti che il campo da te generato inizia a farsi sufficientemente autorevole (ne senti la prepotenza della vibrazione dentro di te), allora puoi passare ad una successiva fase operativa. Qui tutto dipende ora dal caso che ti si è presentato all'osservazione. Se una persona è da te per un problema fisico, tu non puoi cadere nella trappola di pensare che stia lì tutto il suo problema, altrimenti faresti anche tu come fa la medicina tradizionale: si ferma a guardare solo a quello! Cosa c'è in tal caso dunque dietro al problema fisico presentato in primo piano? E' questo l'interrogativo fondamentale.

Altra cosa da dirsi poi è che talvolta il paziente ha la tendenza a portare te medico su vie operative che egli trova più congeniali; egli vorrebbe farti operare per una strada di sua preferenza (ipnosi regressiva, bioenergia, fiori di Bach, omeopatia, e via discorrendo!), nella quale crede di più, anche se in realtà essa non è quasi mai ciò di cui egli ha veramente bisogno! Come può difatti un paziente conoscere già a priori la soluzione del suo rebus personale? In tal caso non starebbe lì da te: avrebbe già risolto i suoi problemi da solo!

Dovrà essere sempre il medico dunque a decidere la via da percorrere, non c'è dubbio, una via spesso diametralmente opposta a quella caldeggiata dal paziente. Tuttavia, nella mia esperienza, ho ravvisato non esser mai buona cosa entrare da subito in scontro frontale col paziente: molto meglio assecondarlo inizialmente, lasciargli quantomeno l'illusione di essere lui a guidare i giochi quando egli ne abbia tanto bisogno! Non è la forma di ciò che l'altro crede, ma la sostanza di ciò che tu operatore fai quello che conta veramente alla fine, e che favorisce il cambiamento. Mantenere un buon rapporto è fondamentale, poiché attraverso di esso passa tutta la nostra successiva azione: creare frizioni in partenza impedisce invece di far scorrere il meglio della nostra azione nell'altro, poiché egli lo rifiuterà, anche solo inconsciamente, non vi reagirà come potrebbe. A che vale a quel punto comunicare con un muro?

Al terapeuta dunque non deve interessare di avere la ragione, egli non dev'essere animato da un principio egoistico di chi deve dettare legge ed essere ossequiato: il terapeuta deve mettersi a disposizione dell'altro, ed accettare anche i suoi lati oscuri o ostici, le sue spigolosità, lasciargli anche la ragione ove necessario, ed evitare di polemizzare, quando questo abbia precedenza nel tentare di aprire un varco di rapporto con un soggetto un po' difficile. Non conta qui l'avere noi ragione dunque, ma portare in qualche modo a noi il paziente, per il suo bene: la sua possibile salvezza! Probabilmente in seguito si potrà comunicare con l'altro su livelli decisamente più elevati e consoni, quando il paziente dovesse dare segni di maturazione.

Quando noi sappiamo accettare il paziente, all'inizio, egli saprà poi accettare noi e le nostre proposte, cosa che non farebbe se noi ci impuntassimo, sdegnati di non essere stati adeguatamente ossequiati! E' un lavoro di grande pazienza questo, specie quando ci si trovi di fronte a soggetti difficili, un lavoro di grande amore. Se non sei dotato di questi requisiti, lascia perdere: non è lavoro per te!

Nei casi più ostici e recalcitranti (soggetto che si porta dentro varie false convinzioni!), cercheremo di manifestare apertamente quanta meno opposizione, e di introdurre invece quanto più silenziosamente la metodologia che abbiamo compreso poter essere la chiave di quella operazione. Il paziente riceverà intanto il beneficio, avendogli noi mostrato tuttavia rispetto anche per le sue false convinzioni! Col beneficio ricevuto, adesso anche quelle false convinzioni potranno subire un naturale rimaneggiamento.

Il paziente piano piano verrà a noi, e sarà possibile affrontare a cielo aperto temi fino a poco prima proibitivi. Nel tempo si farà largo in lui peraltro un crescente sentimento di stima verso il terapeuta, per il tatto e la delicatezza con cui quest'ultimo ha saputo accogliere all'inizio le sue pur scricchiolanti affermazioni! Così egli, adesso, sarà totalmente con noi!

Occorre capire che il paziente è un po' come un bambino, che viene da noi portandosi dietro un suo mondo di idee o anche di sogni che spesso non corrispondo affatto a quelle che son poi le sue vere esigenze. La scoperta di sé viene a farla da noi, e dovrà essere giocoforza graduale. Non potremo pertanto stroncargli da subito le gambe salendo in cattedra, e sbattendogli in faccia la sua realtà (quand'anche noi si riesca a capirla tutta e subito!), magari per un nostro narcisistico bisogno di essere su un podio e di essere ossequiati! Noi dovremo invece farci da parte, e scendere al livello del paziente, parlare il suo linguaggio, affinché il bambino ci capisca pian pianino, e cresca con noi!

Lascialo ancora sognare dunque il tuo paziente, lasciagli le sue illusioni per intanto, fino a che egli non capirà da sé qual è il suo vero gioco di realtà. Solo allora potrà partecipare più consapevolmente ed attivamente alle tue manovre operative, mai prima! Usa dunque sempre il massimo tatto, comprendi e accetta il suo disagio, non giudicare subito, non rifiutare, accogli la sua sofferenza, dandogli più che altro e subito un buon messaggio di speranza e di conforto, di sostegno, ma senza dare mai ricette, né giudizi! La ricetta viene maturata nel tempo, è frutto di lunga osservazione, e sta soprattutto in quel cambiamento che non può essere razionalizzato e anticipato! Altrimenti il paziente scapperà!

Tu non puoi dire al bambino, alla partenza, ciò che dovrà essere all'arrivo: potrebbe non piacergli, non essendovi ancora pronto; egli vive ancora nel mondo dei suoi attuali sogni, e potrebbe trovare arida o proprio disamante al momento quella data prospettiva! Il paziente potrebbe scappare dalla terapia: non lo vedresti più! Chi avrebbe vinto a quel punto, la sua salute o la tua inefficienza?

Quando un paziente dunque ti porta un problema fisico, tu accoglierai il suo problema fisico, ma non partirai subito dal curare direttamente quel problema fisico, poiché sarebbe fare il gioco della difesa stessa che ha relegato tutto il suo vero problema solo nel corpo. Il problema vero non sta affatto nel corpo. Il problema sta ad un livello psico-emozionale, ad un livello dell'Eros e solo in ultimo anche ad un livello quantico-mentale, ove c'è sempre una qualche carenza, anche lì ovviamente! Tu inizierai a fare correzione proprio a livello quantico mentale, ciò che hai fatto generando il primo campo quantico ("**Uno stato di benessere totale**"), poi ti occuperai di colmare le lacune del sé a livello psico-emozionale, poi quelle dell'Eros vitale e solo in ultimo ti preoccuperai di trattare l'area del corpo ufficialmente malata. Quando hai iniziato a correggere le lacune di fondo, sarà molto più facile avere risposta anche nel corpo, vedi area danneggiata.

Ora ti racconto un altro caso. Un paziente sulla cinquantina venne da me per via di un raro tumore al pancreas, giudicato dai chirurghi inoperabile, per via della intricata e pericolosa situazione anatomica dell'organo (rischio di tagli vascolari, ecc.). Gli avevano diagnosticato peraltro poco tempo di vita! Il paziente si presentava a me indubbiamente con un colorito un po' cereo, mi aveva mostrato tutti gli esami clinici da lui effettuati fino a quel momento, e cosa ancora più impacciante si era presentato accompagnato da una moglie un po' troppo apprensiva. Ad ascoltare la signora pareva dovercisi aspettare chissà quale tragico epilogo da un momento all'altro, avendo ella fatto suo un po' tutto quel quadro nefasto propinatole dai medici, nella loro ottica, fino a quel momento!

Mi resi subito conto intanto che la moglie rappresentava per il paziente più un fattore di destabilizzazione e di sfiducia che di sostegno, un detrattore di energia per dirla in un linguaggio quantico. Per cui la prima cosa che mi parve opportuno fare fu di ridimensionare e subito quell'apporto distruttivo di pensiero, a tutela del paziente. Se d'altronde si voleva entrare in un'altra ottica medica, non aveva senso continuare a dare importanza e priorità ad un'ottica tradizionale che non sapeva garantire proprio niente, e che in fondo aveva solo già tirato i remi in barca!

Così parlai alla signora, invitandola a rilassarsi e ad abbandonare quei suoi esasperati accessi di ansietà. Ma per tutta risposta quella si dimostrò una di quelle classiche persone che hanno solo voglia di parlare, di affermare le loro precostituite idee, e ben poca voglia di ascoltare, tanto meno di guardarsi dentro. Per quella donna le affermazioni fatte dai dottori della medicina tradizionale erano sacrosante e inoppugnabili, sostenute da dati scientifici incontrovertibili, da leggersi come il "Vangelo". Quella stessa medicina che non aveva saputo fare di meglio che alzare le braccia di fronte ad un tale "disperato caso"! Perché difenderla ancora, in fondo?

Mi sentii costretto ad essere un po' drastico, almeno con lei. Le feci notare che potevano esistere altre ottiche, e che se certa medicina mostrava di segnare il passo era perché evidentemente non era in grado di vedere di più. Ma la signora pareva quasi aver bisogno di continuare a credere in quella "scienza di sistema", ormai identificata in essa pur a dispetto di ogni evidenza. Mi vidi costretto, a quel punto, ad invitare la signora ad abbandonare la seduta, ed a lasciarmi solo col paziente. Rappresentava un'influenza troppo distruttiva, là ove si volesse cercare al contrario di infondere fiducia, forza e speranza a quell'anima, un vero salto vibratorio di energia e di coscienza. La signora, un po' sdegnata, abbandonò il campo.

Ritrovatomi da solo col paziente, feci intanto la lieta scoperta di essere davanti ad una persona di tutt'altra apertura culturale, per la quale ammettere la possibilità di vie di cura alternative non pareva costituire quantomeno motivo di stupore! Mentre egli conveniva come la moglie fosse effettivamente sempre così apprensiva e fonte di ansia anche per lui. Riuscimmo a trovare anzi assai presto un'ottima intesa, direi una buona alleanza terapeutica, concordi sulla imperscrutabilità delle vie quantiche alternative alla stereotipa e meccanicistica medicina della tradizione, ed egli accettò di buon grado di farsi trattare secondo quel nuovo principio bio-quantico-mentale.

Feci sdraiare allora il paziente sul lettino, iniziai a generare il primo campo quantico di base, e poi lavorai sulla forza dell'io. Solo al termine di tale prezioso passaggio mi applicai direttamente sull'area del tumore, collocando le mani su una zona posta giusto al di sotto dello stomaco, dalla quale poteva esserci una "presa più diretta" della forza quantica di guarigione con l'organo pancreatico. Nel giro di cinque sedute il paziente aveva ripreso colore, aveva recuperato uno smalto psicologico davvero niente male, insomma una vitalità ed uno stato di fiducia dapprima smarrite, mentre la moglie, che in quel lasso di tempo si era rivista poco o niente, aveva dovuto per intanto ammettere l'evidenza di quella ripresa da parte del marito, e s'era scusata poi con me per causa di quella riconosciuta quanto esagerata sua ansietà.

Con entusiasmo le offrii intanto la mia disponibilità a darle una mano terapeutica, se l'avesse voluto. Anche se poi questo mio intervento non avvenne mai. Quando fu tempo poi di controlli clinici, da me certo mai auspicati, ma dai loro medici già da tempo prefissati, si accorsero tutti che il tumore era regredito ad una formazione fibrosa, da un punto di vista funzionale assolutamente inattiva e ininfluente, come una sorta di cicatrice calcifica.

Qual era dunque il problema di questo paziente? Era forse il tumore? No. Il tumore era la punta dell'iceberg di tutt'un processo sotterraneo dell'anima, specchio di un equilibrio nefasto e profondo, di un crollo morale sottile e non riconosciuto, di una sfiducia esistenziale di fondo propiziata da un rapporto coniugale evidentemente scricchiolante. Quella fragilità personale andava assolutamente ribaltata in sicurezza. La chiave era lì. Una persona di per sé un po' insicura finiva col subire troppo l'influenza ansiogena e nefasta della moglie. Ancora una volta la chiave non era nel pancreas, ma nell'anima.

Il corpo fisico è solo il terminale delle tensioni e dei conflitti profondi, di quegli scompensi o lacune psico-emozionali che ci portiamo dietro quasi sempre dall'infanzia.

Capitolo 5

Guarigione corporea ed Eros

Si è dunque detto come davanti al fatto fisico, patologia fisica, si debba in prima istanza pensare al fatto interiore, ed operare su questo prima che su altro. Si deve partire dal profondo per arrivare alla superficie e non il contrario. E' raro assistere a situazioni dove si potrebbe partire direttamente dalla superficie, qualora si sia realizzata una certa consistenza dell'Io nel soggetto.

Potrei citare a tale scopo il caso di un paziente di cinquantuno anni, che veniva al mio studio una volta alla settimana, per una patologia tumorale di vecchia data, un tumore della cauda (estremità del sacro), che all'epoca aveva metastatizzato, causando lesioni al midollo allungato e quindi una paraplegia. Il paziente era sulla sedia a rotelle e veniva da me per dolori all'area del fondo schiena, con leggere irradiazioni alle gambe. Questi dolori gli impedivano di dormire a modo e rappresentavano per lui forte motivo di disagio e di stanchezza.

In questo caso tuttavia la patologia datava ormai da molti anni, ed era passato tanto di quel tempo che il paziente aveva avuto possibilità di una netta rivisitazione di sé, per un netto avanzamento della forza dell'Io. Di quel paziente del tumore di anni prima era rimasto ben poco adesso. Ecco, in un caso del genere mi son venuto a trovare davanti ad una persona pronta alla rinascita, poiché già sopravvissuta in pratica alla morte.

E' chiaro che tutta la mia azione locale, svolta attraverso le mani, trovava in questo caso risposta immediata e diretta. Per agire sulle infiammazioni locali e quindi sul dolore, emanavo un campo quantico attraverso l'affermazione "**Fuoco d'amore**", che ripetevo più volte affinché prendesse forza, per poi passare all'affermazione "**Ogni processo si riassorbe e scompare**", e tornare poi ciclicamente a ripetere la prima e poi ancora la seconda, in un continuum che finiva col dare sempre maggiore forza a tutta quell'operazione (campo di guarigione).

Ecco, questo tipo di affermazione è quella che meglio si adatta ad eradicare mali dal corpo. Il fuoco d'amore non è altro che una vibrazione d'Eros vitale che viene evocata, una vibrazione che entra nei tessuti e tende ad addolcire ogni male, a cambiare la vibrazione da distruttiva in costruttiva, da patologica in vitale, mentre la seconda affermazione è quella che evoca il riassorbimento vero e proprio di un processo neoformativo, come può essere un tumore, o anche di un processo infiammatorio, o di un processo degenerativo più in generale. E' una sorta di chiave universale, adatta a favorire il riassorbimento di qualunque processo patologico che si sia insediato nell'organismo in una qualche area.

Queste affermazioni devono essere fatte a voce alta, quanto basta perché il paziente vi partecipi, anche ad un livello inconscio, ossia perché vi reagisca, produca anch'egli una qualche risposta dal suo interno, psicofisico e mentale. Un conto difatti è se il paziente reagisce e compartecipa all'azione terapeutica, un conto è se non lo fa. Ricordiamo che proprio la reattività del paziente è ciò che garantisce maggiormente la guarigione. Si potrebbe anzi a giusta ragione affermare che quanto noi induciamo nell'altro sia in realtà una sorta di autoguarigione guidata, e da noi mediata. Noi forniamo l'energia di base, quella che manca nel paziente, e gli stimoli mentali, ma se l'altro non reagisce a dovere la risposta terapeutica è fiacca. Inoltre lo aiutiamo a capire meglio le sue dinamiche psichiche nascoste.

A parità di operatività da parte nostra dunque, l'effetto finale di guarigione dipende sempre dalla risposta del paziente, dalla sua partecipazione, anche se automatica. Un paziente che non reagisca non guarisce, pur essendo noi sempre gli stessi operatori e muovendoci sempre allo stesso modo. La differenza la fa lui: uno dirà che l'abbiamo guarito, e l'altro che non lo abbiamo guarito!

Il paziente paraplegico s'era subito ripreso dunque dai suoi dolori, e poteva ora condure una vita sociale anche abbastanza interessante, attiva, con varie iniziative ed opere da lui promosse, una persona impegnata, pur a dispetto di quella sua infermità delle gambe.

Ho raccontato questo caso per indurre a discernere tra il paziente che reagisce e quello che non reagisce, poiché non tutti alla fin fine dimostrano di voler guarire come dicono! Non c'è da meravigliarsi di questo, poiché la psiche è duale, e ciò che pensa la parte più positiva ed alta non lo pensa altrettanto la parte più negativa, resistiva e oscura. Vi sono pazienti poi che, vuoi anche per causa dell'età, o per via della cronicità dei loro mali, vuoi per un profondo bisogno di tenersi stretta la malattia per ragioni tutte personali e oscure, non mostrano segni di miglioramento nell'immediato, dopo il trattamento, ma talvolta addirittura segni di peggioramento. Ecco, mi preme portarvi questo contributo per significarvi come, trovarsi davanti a casi di questo tipo, sia un po' come trovarsi davanti ad un muro: a che vale sbatterci ancora la testa contro?

Un paziente che non voglia rinunciare alla sua malattia, nonostante tutte le sue belle smancerie a livello di dialogo, è lettera morta! Perché il medico dovrebbe allora continuare a sbattere la testa contro quel muro? Probabilmente è più coerente che egli declini l'invito a proseguire in quella terapia, quando essa abbia assunto i connotati della farsa!

Non è neanche colpa loro, in fondo: certe persone si portano dietro tali e tante di quelle corazze, che si dovrebbe prima fare un gran lavoro per liberarle da esse, e solo dopo si potrebbe parlare di terapia fisica. A tale scopo vorrei citare il caso di una paziente di circa settant'anni che si presentò da me estremamente sorridente ed apparentemente motivata a guarire, chiedendomi addirittura spudoratamente quanto spiritosamente che le facessi un miracolo! Intanto mi defilai immediatamente ribattendo, non meno scherzosamente, che i miracoli li fa soltanto Dio! Ma era un modo per significarle che un miracolo non può essere preteso, tanto meno in quel modo baldanzoso!

La signora si presentava a me intanto per una zoppia, legata ad un'anca ormai displasica e deformata. Commisi l'errore di lavorare subito sull'anca, in questo sicuramente condizionato dal fare arrogante e pretenzioso di quella signora. Mi accorsi subito tuttavia di quale rigidità caratteriale, ancorché fisica, dominasse il quadro di quella personalità, una severità di giudizio che certamente ben copriva, quanto contraddiceva, tutta quella sua apparente estroversione, cordialità e simpatia. E data la stretta vicinanza della patologia all'area della genitalità, non ebbi difficoltà a scorgere come potessero esservi problematiche correlate alla libertà dell'Eros nel soggetto, cui faceva da contraltare proprio quella sua rigidità.

Si trattava di uno di quei soggetti che tu non puoi nemmeno abbracciare più di tanto, quasi si sentisse minacciata da chissà che, quando io ero solito abbracciare i miei pazienti, specie al termine delle sedute, dopo aver consumato una sorta di "amore segreto dell'anima", e questo al di là che si trattasse di uomini o di donne, quasi si stringesse un solido legame di affetto e di sicurezza tra di noi.

Mi ero presto tuttavia re-indirizzato su un lavoro corporeo dell'Eros con la paziente, avendo visto come vi fosse proprio lì un serio impedimento, una spessa corazza caratteriale che tentavo di sciogliere attraverso il tocco corporeo, un'azione di accarezzamento sistematico e diffuso che, partita da un livello morbido ed affettivo, poteva gradualmente trasformarsi in toccamenti dal sapore sottilmente più carnale e voluttuoso. Utilizzavo nel frattempo l'affermazione "**Fuoco d'amore**", che appariva in perfetta sintonia con la specifica stimolazione indotta.

Ma, per quanto mi adoperassi e m'impegnassi in quell'azione terapeutica, arrivando a portare su tutto il corpo fisico un massaggio dal sapore quasi erotico, che la paziente pareva comunque accogliere con soddisfazione, e limitando sempre più il mio intervento diretto sull'anca, ero costretto ad avvedermi di come i suoi dolori paressero aumentare a vista d'occhio a seguito del trattamento, ritrovandomi nella incresciosa situazione di chi si vede ritornare la paziente peggiorata anziché migliorata! Niente di più sconfortante per chi ci metta l'anima nel tentare di aiutare un altro!

La paziente, che pareva non aver perso intanto quella sua simpatica e talvolta ironica aria scherzosa, affermava che avrebbe fatto prima a dire quali punti del corpo non fossero dolenti, che non il contrario! Su che cosa avevo lavorato dunque?

Quei suoi dolori, relegati inizialmente solo all'area dell'anca compromessa, si estendevano adesso insomma a tutto il corpo, complice perché no anche una caduta dell'ultim'ora; ma da tutto questo traevo la netta sensazione di trovarmi davanti ad un pretesto, quasi la paziente preferisse restare in una situazione di impotenza e malattia, un grottesco contesto nel quale io avrei avuto solo il ruolo di vittima (frustrazione) più che di carnefice (guaritore), una sorta di fantoccio nelle sue mani, acché ella potesse dimostrare a se stessa qualcosa!

Ma cosa le fai ad una paziente così? Qualunque cosa tu possa fare non le andrebbe mai bene! Probabilmente perché è preponderante in lei il bisogno di tenersi stretta la sua malattia, più che quello di guarire! Sicché fui costretto a fermare le nostre sedute, invitandola ad una seria pausa di riflessione, non ultimo su quei suoi toni a tratti un po' arroganti, classici di chi pretenda la guarigione dall'esterno, senza dover poi fare nulla per determinarla!

Ho voluto citare questi due casi quasi contrapposti, il paziente paraplegico che risponde subito al trattamento e la paziente che invoca il miracolo senza fare poi alcunché per partecipare positivamente al cambiamento. C'è un no di fondo dentro ognuno di noi in realtà, una forza oppositiva che non gradisce la guarigione, né la crescita più in generale; tuttavia in alcuni casi essa si fa così preponderante da diventare di serio pregiudizio ai fini di un prosieguo proficuo del nostro trattamento, e tanto più ai fini della guarigione.

In tutti, chi più chi meno, si assiste ad una certa recrudescenza del male quando lavori fisicamente su di un'area lesa, specie quando colpita da stati infiammatori; ma poi generalmente il dolore recede, lasciando il posto ad un certo grado di miglioramento. Quando questo non accade però, e si tratta per fortuna di un minor numero di casi, allora vuol dire che nel soggetto c'è una strenua resistenza alla guarigione (cambiamento), sia pure ad un livello inconsapevole, una opposizione pur a dispetto di ciò che esso dice razionalmente e verbalmente. Lì sta a te terapeuta decidere se continuare in una tale farsa, o ricorrere a manovre shock (che tuttavia non contempliamo in questa nostra scuola), o chiudere almeno per ora il trattamento. E' una tua scelta.

Ora potrai comprendere dunque qual è uno dei motivi cardine che mi inducono a suggerire a tutti di lavorare prioritariamente sulle istanze interiori, anziché su quelle fisiche, perché se nel paziente c'è il terreno per una volontà di guarigione, una volta fortificato e ripulito il terreno interiore potrebbe essere più facile poi reagire positivamente all'azione locale d'organo. Meglio partire sempre dal profondo dunque e mai dalla superficie del corpo, per non rischiare di trovarsi in una sorta di circolo vizioso senza fine.

Teoricamente potremmo affrontare malattie di tutti i tipi, ma ci saranno sempre pazienti che rispondono meglio, pur a parità di forma clinica, e pazienti che rispondono peggio. Credo non si tratti tanto di tipo di affezione, quanto di tipo di personalità. Molto incide anche l'età del paziente, poiché è pacifico che un paziente molto anziano, settantanovantenne, abbia sempre minore possibilità di reagire rispetto ad un giovane. Personalmente non mi sono mai tirato indietro quando mi hanno proposto dei casi da trattare, ma è ovvio che la paziente di ottantasette anni che veniva da me con schiena deformata e disastrata, dopo essersi sottoposta ad interventi chirurgici praticamente invalidanti, finiva col reagire poco o niente!

Personalmente non consiglierei a nessun nuovo medico, tra i miei discepoli, di imbarcarsi in avventure del genere! A meno che non vogliate votarvi alla beatificazione anticipata! Quando si inizia a varcare la soglia dei cinquanta - sessant'anni, la reattività tende a farsi meno buona, fermo restando che i casi non sono mai tutti uguali. Ho visto gente di sessant'anni reagire benissimo e gente di trenta no. Decidete voi dunque. Magari la cosa migliore da fare è sondare il terreno prima, e pronunciarsi solo poi, dopo aver visto. Non puoi mai sapere a priori di fronte a che tipo di reattività ti trovi.

Potrei citare ancora il caso di una paziente ultracinquantenne, affetta da sclerosi multipla, che si presentava a me per causa di una zoppia, ove la gamba rispondeva poco ormai agli stimoli motori. Questa paziente mostrò presto, ad esempio, una bella reattività, ancorché uno splendido rapporto di fiducia con me medico. Mi seguiva e faceva suoi, nei limiti del possibile, tutti i miei suggerimenti ed i miei stimoli. Avevo colto come dietro a quel suo stato fisico vi fossero serie lacune della personalità, della forza dell'Io, cui faceva da controfigura una rigidità con se stessa, che si era tradotta poi in difficoltà motoria.

La paziente si era in pratica auto-immobilizzata, come per punirsi; al centro di tutto c'era la sua condizione femminile ed il rapporto col marito, che probabilmente non le concedeva più tante attenzioni. Avvertii a pelle quanto bisogno d'amore avesse quella donna, tanto che non indugiai ad un certo punto a proporle un trattamento d'Eros su tutto il corpo, fatto di accarezzamenti, un qualcosa del quale avvertivo lei avesse particolarmente bisogno.

Questo aspetto dell'Eros affettivo-sessuale rappresenta un po' la spina nel fianco di molte situazioni umane, di quelle che arrivano all'osservazione del medico, e questo in quanto il sesso è sempre vissuto come qualcosa di imbarazzante, se non di scomodo da molti, e spesso sostituito con surrogati quali la malattia. Ma quando tu ad un paziente che ne abbia bisogno dai quel sacro nettare del toccamento, dell'accarezzamento, ed ancor meglio sarebbe dell'eccitazione vera e propria, tu sì che gli rendi un servigio importante, nell'ambito della sua macchina psicofisica.

La nostra sfera dell'Eros, difatti, non chiede di meglio in tutti noi, ma ahimè accade che in questa nostra società della ipocrisia, noi la colleghiamo sempre al fidanzamento e al matrimonio, mai che si parli di Eros libero come può esserlo il mangiare o il dormire! E poiché facciamo dipendere l'appagamento dell'Eros da un fattore di coppia, ecco che, per ovvi motivi, stante la difficoltà di trovare un partner ideale o di proprio gusto, tanto più quando lo vuoi tu, o anche di avere un buona intesa col tuo partner, ecco che te ne rimani sola, o senza gratificazioni sessuali di sorta. Tu ci cammini allora in qualche modo sopra al tuo problema, fingendo che non sia poi tanto importante e di poterne fare volentieri a meno. Ma il tuo corpo-psiche non la penserà così!

Ed ecco che nel tempo poi esso ti restituirà sintomi o proprio affezioni tra le più disparate, ed apparentemente a tutto questo scollegate, ma in realtà dovute a quella tua repressione. E la repressione sarà tanto più grande quanto più tu avevi già accarezzato il piacere sessuale. Non si può negare ciò che già ben si conosce. L'inconscio non fa sconti! Quando si è conosciuta una gratificazione, una bellezza, ancora maggiore ne sarà poi la carenza, anche se tu ti sforzi di soprassedervi e di non pensarvi più, magari di cancellare tutto!

Beh, quella signora, che s'era intesa molto bene terapeuticamente con me, aveva fiducia e si lasciava guidare, s'era avvantaggiata evidentemente di quelle mie premure diciamo pure tecniche, di quelle mie stimolazioni, ricavandone una importante energia, e tanto beneficio nel profondo. Per cui quando andai a lavorare sulla sua gamba, vi trovai un terreno abbastanza disponibile: ella stessa si meravigliò di come la gamba riuscisse a sollevarsi oltre un limite fino a quel momento mai raggiunto! Fu un momento di grande commozione per entrambi.

La **Medicina Quantico-Mentale** è una medicina dell'anima dunque, prima che del corpo.

Capitolo 6

Il terapeuta come partner sessuale correttivo

Si è fatto cenno all'Eros. Qui tocchiamo un tasto piuttosto delicato, poiché questa società culturalmente è poco avvezza a leggere l'Eros nel modo più corretto, e questo è tutt'oggi causa di molti disagi interni alla persona, per mano di una ideologia certamente sbagliata. Quando Freud già nel lontano ottocento toccò il tasto della sessualità come fattore di disturbo, in molti casi da lui osservati, suscitò scalpore; questo fu oggetto di contestazione verso di lui e la sua opera. Certo, in un'epoca come quella fece scandalo ammettere che vi fossero certe tare inconsce di natura sessuale dietro a fattori di natura fisica. Oggi tutto questo non fa più scalpore, purtuttavia non è che l'avanzamento culturale si sia fatto tale da raggiungere posizioni molto più avanzate e produttive.

Sì, oggi riusciamo ad ammettere la possibilità che la sessualità possa essere alla base di disagi psicosomatici, e questo è già qualcosa, ma poi quando vai a toccare l'uomo della strada, quello che risente del livello culturale medio della gente, della società e del sistema nel quale vive, non è che egli sia disposto più di tanto ad ammettere che dietro e certi suoi malesseri vi possa essere principalmente o anche un fattore sessuale! Quello ti manda a quel paese, perché i suoi problemi, a suo dire, sembrano essere tutt'altri!

Il fatto è che la difesa psichica esiste in ciascuno di noi e la fa da padrone, per cui non c'è peggior sordo di colui che non vuol sentire, complice inesorabilmente una cecità di sistema, che sembra fatta apposta per bendarci gli occhi e tarparci le ali. Dire dunque che oggi il fattore sessuale sia capito bene e vissuto nel giusto modo, sol perché siamo nel terzo millennio, sarebbe dire solo una bugia! In realtà non siamo avanzati più di tanto rispetto a ieri, ai tempi di Freud intendo dire!

Il motivo cardine sta intanto nella delicatezza ed intimità di quest'area, che tende ad essere vissuta come imbarazzante, ma poi sta anche e soprattutto in una ideologia di sistema che da anni ed anni ha favorito la repressione della sessualità e della sua libera espressione, poiché ha capito che libera espressione della sessualità è uguale a libera espressione dell'individuo, ad una libertà e ad una potenza dell'essere che mal si concilia con il potere demagogico di chi vuol comandare, del potere dominante. Per cui la censura della sessualità è esattamente figlia di questo tipo di logica perversa, di meccanismo e di finalità: le masse debbono essere tenute quanto più cieche, ignoranti ed impotenti possibile!

Sicché il fattore sessuale è il più represso anche oggi, nonostante la bella farsa di superficie dei mass media o delle fiction (vedi film porno) che ostentano una modernità e disinvoltura che non trovi affatto poi nell'uomo medio della strada, nel paziente, quello che viene da te medico a lagnarsi dei suoi impedimenti esistenziali. Quale modello viene dunque sbandierato da costoro? Sembra quasi di trovarsi davanti ad un altro mondo, quando tu poi, ripeto, il medico che riceve la gente "normale" tutti i santi giorni, non vi trovi altro che miserie, impedimenti, gabbie, gabbie e solo gabbie! Qual è allora il mondo reale? Quello che ti mostrano questi signori della farsa e della vendita, o quello che tu vedi coi tuoi occhi?

E allora ti accorgi di vedere solo e soprattutto impotenza, una impotenza psicologica ed esistenziale intendiamo dire. Tu medico ti imbatti in tante e tali di quelle frustrazioni della sfera sessuale da fare paura, frustrazioni che sono diventate puntualmente malattia, al punto da chiederti poi se sia davvero possibile trovarne uno che sia normale! E questa è scienza, osservazione, non fiction, manipolazione o demagogia di massa!

C'è che il bisogno d'amore nell'essere umano è qualcosa di importante, ed è troppo frustrato da questa realtà così avara e disastrata, dove gli esseri umani si sono scollati tra di loro anziché avvicinarsi, dove il regime della paura, della diffidenza e della sfiducia hanno avuto il sopravvento, e la gente si è solo rinchiusa in se stessa, altro che contatto sessuale! Chi l'ha causato tutto questo? Ciò sarebbe dunque evoluzione?

L'amore è la prima fonte alla quale vorremmo abbeverarci, ma tu accendi la tv e senti solo notizie da brivido, soprattutto a base di violenze e di pericoli, senti il vicino di casa e ti racconta dell'ultima volta in cui l'hanno derubato o addirittura picchiato! In un mondo dunque dove si rischia di uscire di casa armati di mitra sotto il cappotto, o di maschere antigas in caso di calamità improvvise, dove si guarda con estrema diffidenza anche al primo che ti domanda aiuto, dove la troviamo l'atmosfera per cercare e darci amore? E' una cosa che preferisci guardarti ormai solo in qualche vecchio film, per non dire di quelli che si gettano ormai sull'amore cibernetico, fatto di webcam, di chat varie ed altri surrogati telematici, un mondo di guardoni e di onanisti, ma quanto a contatti veri, boh, una latitanza totale!

Sarebbe questo il mondo più evoluto rispetto ai tempi del buon Freud? Siamo andanti avanti dunque, o addirittura indietro?

Questa sete di amore è molto disertata in questo nostro attuale mondo, questo sistema sociale che la sostituisce con dei surrogati tecnologici e con false regole, atte solo ad impedirci. Un mondo freddo e cibernetico, finto ed a misura di robot. Tutto appare bello in superficie, ma poi è torbido e bacato nel suo sotterraneo. La gente sta male, poiché non v'è più spontaneità. C'è una chiusura ermetica che suona di avarizia: io ti nego, tu mi neghi, la società ci nega contatto, libera espressione dell'anima, dell'Eros, di ogni manifestazione d'Amore in generale. Risultato: un mondo di nevrosi e di schizofrenia, di paranoie e di patologie autodistruttive!

Qui predomina la severità di una legge punitiva, il senso del peccato, e la persecuzione di pensiero anche quando ti allontani solo di poco dal modo di vedere dominante. Se non sei un automa come gli altri, che vivono solo per lavorare e produrre denaro (se pure vi riescono!), che non osano quasi neanche più guardarsi in faccia ancorché toccarsi, vieni quasi ripudiato. Ma dove siamo, nel lager delle macchine?

E quanto più uno vive in una società cibernetica, tanto più soffre questa frustrazione dell'Eros, che nella sua natura invece chiede l'opposto, slanci, contatti, abbracci, scambi amorosi, sorrisi, toccamenti e flusso sessuale, senza pregiudizio, in modo libero, animale se vogliamo. Gli animali difatti sono più liberi di noi!

Questo modello di società dunque propone l'opposto, esattamente ciò che ci danneggia. Ma quando a te medico giunge poi all'osservazione una persona che si è ormai chiusa da anni nelle sue gabbie di galera, nella sua torre eburnea dell'allucinazione, rinnegando ogni più naturale impulso del corpo e dell'anima, reprimendo tutta la sua sete di amore, e ripiegando sulla malattia fisica, diventata ormai l'unico quanto fatuo e massacrante baluardo dell'anima, con quale approccio ideologico dovrai poi accostarti a quel soggetto, con quello di questa società del delirio, o con una libertà della quale l'altro ha tanto bisogno, ma che pare appartenere al momento proprio a un altro mondo?

Insomma, che cosa fa medicina, la schiavitù ad una falsa ideologia, o la ammissione e la liberazione delle proprie istanze represse, soffocate?

Occorre capire che l'energia sessuale è una forza, non è una entità di trascurabile portata, per cui essa, quando non incanalata per le sue giuste e normali vie di scarico, finirà per forza col creare disagi da qualche parte. Questa è una matematica, non si può fare finta che questa realtà non ci appartenga, che non esista, come piacerebbe forse a qualcuno! Se l'energia si accumula in eccesso e non si scarica per le naturali vie, da qualche altra parte dovrà pur scaricarsi! Aveva dunque torto Freud quando parlava di nevrosi di origine sessuale?

Ovviamente nella nostra analisi occorre anche vedere le altre componenti del Sé, per l'appunto come la forza dell'Io, che rappresenta un fattore di non minore caratura, da tenere in giusta considerazione. Ma posso garantire che queste due componenti, quella sessuale e quella dell'Io, finiscono poi col convergere, con l'interagire e col rafforzarsi tra di loro, nel gioco al massacro della malattia. Per cui tu poi non sai più dove comincia il processo e dove termina. Sono vasi comunicanti che si passano liquido l'un l'altro, a rafforzamento del disagio.

Una persona che reprime la sua sessualità, o meglio la più libera espressione della sua sessualità, ad esempio, può avere una certa fragilità dell'Io, una insicurezza di fondo che la porta a chiudersi in schemi di pensiero e di comportamento assolutamente schizoidi, ed anticostruttivi. La persona si isola ancora di più da se stessa, e tende a tuffarsi in sintomi mentali (fobie, ossessioni, ipocondria, ecc.), a difesa dalle sue vere esigenze sessuali e relazionali di fondo. L'insicurezza diventa motivo di chiusura dagli altri, ma anche di chiusura verso le proprie vere esigenze erotiche. Tutta l'energia sessuale e relazionale repressa diventa allora sintomo nevrotico.

La correzione di una situazione del genere passa dunque per il rafforzamento dell'Io, e per la liberazione delle energie sessuali, la qual cosa va di pari passo con l'apertura alla relazionalità col mondo. Ciò che vi racconto è frutto di osservazione sul campo, non di pura speculazione filosofica.

Ho visto casi ove la terapia dell'Eros ha assunto un ruolo primario nell'aiutare la paziente a liberarsi da alcuni blocchi o condizionamenti di troppo. Tale potrebbe essere quello di una giovane donna, che lamentava di non "avvertire" la parte inferiore del corpo, quello che va dalla cintola in giù per intenderci, quasi esso non fosse più tanto vitale. E tutto questo dopo essersi ella già sottoposta ad un primo ciclo terapeutico di non meno di sei-sette sedute! Cosa non aveva funzionato, dunque?

Compresi presto di aver sottovalutato proprio il fattore dell'Eros, e questo grazie a quel sottile imbarazzo che, in casi come questo, si tramuta solo nel peggior nemico, quando lascia disattesa e scompensata una parte profonda e non meno importante del soggetto!

Cominciammo consensualmente un lavoro sull'Eros corporeo dunque, con toccamenti decisamente sensuali e sempre più profondi. La paziente se ne tornava ora decisamente rinfrancata, anzi debbo dire quasi trasformata, quando notavo in lei una determinazione nuova, la presa di coscienza e la lamentazione, nel contempo, di aspetti della sua vita coniugale che non avrebbe mai osato prima contestare, e che non aveva difficoltà ora a definire stucchevoli! Arrivavo a domandarmi se mi trovassi davanti alla stessa persona!

Eclatante fu anche il caso di una donna sulla cinquantina, che si era presentata a me con una forte carica di angoscia, stati d'animo penosi che si accompagnavano a sogni e percezioni disturbanti, con sintomi talvolta anche a carico del corpo. Ad ascoltare la paziente, pareva che grossa parte di quella sua sofferenza dovesse essere attribuita alla prematura scomparsa della madre, persona alla quale ella era molto legata. Tuttavia, dopo un primo ciclo di sedute, la paziente mostrava già di avere ormai ben assorbito quella perdita, avendo noi lavorato particolarmente sulla forza dell'Io. Ella si era assestata su livelli psicologici ben più soddisfacenti, improntati ad un certo grado di serenità e di fiducia.

Ma l'azione terapeutica non poteva dirsi ancora conclusa. Una certa carica di angoscia, non più legata alla perdita della madre ed a quel sottile senso di insicurezza personale evidenziate alla partenza, si mostrava ora in modo esplicito, particolarmente durante il lavoro di profondità, quando la paziente si lasciava andare a sospiri particolarmente intensi e prolungati, ed in apparenza non più giustificati. Cosa covava ancora sotto?

Parlai con la paziente della sua sessualità, come mai avevo fatto fino a quel momento, e ti saltò fuori allora che ella, dopo la sua ultima delusione amorosa, non aveva più avuto rapporti con uomini da quasi dieci anni! Iniziammo allora un nuovo lavoro sull'Eros, e la sua angoscia svanì.

E' importante poi generare rapporto, è importante che il paziente senta te medico come uno quasi di famiglia, e questo al di là del tuo ruolo professionale. Egli deve viverti in modo quasi intimo; solo in tali condizioni si apre di più. Ciononostante vi sono persone che non amano essere abbracciate, che vanno in imbarazzo anche per molto poco, e tutto questo risale ovviamente alla loro storia infantile, quando spesso si sono sentite rifiutate o hanno sviluppato un sentimento di rifiuto verso i genitori o verso gli altri.

Quando parliamo di Eros dunque parliamo di qualcosa di profondo ed anche di antico, che dentro di noi risale spesso all'infanzia. L'Eros sessuale è un terminale fisico, nel qui ed ora, di un processo iniziale che è quasi sempre Eros dell'infanzia, affettivo.

Questo vale anche per il recupero della propria femminilità, specie in quei casi in cui essa è squilibrata, vedi donne più maschili. E che cosa è il recupero della propria femminilità? Come può avvenire mai? Può avvenire attraverso il confronto col maschile. E' qui che si arriva ancora all'Eros sessuale.

La femminilità non è un contesto, ma un vissuto. La femminilità è il proprio erotismo femminile, e tutto ciò che lo circonda. E quell'erotismo si afferma solo in funzione del maschile, non da solo. Ed è qui che si avanza l'esigenza di una terapia dell'erotismo femminile, una via che dia alla donna la possibilità di sperimentarsi come femmina già nel profondo, e non solo guardandosi allo specchio, in superficie. Occorre che la donna viva le sue eccitazioni sessuali attraverso un partner sessuale terapeutico, ovvero per mano di un "maschio correttivo" rispetto alle figure maschili introiettate e nel contempo rifiutate inconsciamente fino ad oggi. Può esservi una via più concreta e veloce di questa per dimostrare a se stessa la propria vitalità femminile?

Discorso analogo, a parti invertite, vale ovviamente anche per i pazienti maschili. Sono le polarità che cambiano. Ma il meccanismo è lo stesso.

Capitolo 7

L'arte terapeutica dell'Eros

Quando parliamo di Eros, parliamo dunque di Eros affettivo da un lato e di Eros sessuale dall'altro. L'Eros affettivo è tutto quel carico di premure e di affetto che un infante riceve dai propri genitori, e che risulta spesso lacunoso, portandosi dietro l'adulto, nel qui ed ora, scompensi che richiedono ancora oggi una adeguata compensazione. Quella richiesta di affetto resta ancora disattesa nella persona, e noi come terapeuti dobbiamo provvedere a compensarla in via tecnica.

Freudianamente il terapeuta si sostituisce in tale caso al genitore (transfert), trasmettendo affetto al piccolo (paziente), e questo soprattutto per la via della carezza. La carezza è un gesto che trasmette attenzione, premura, considerazione, coccola, apprezzamento, tenerezza, protezione, e quant'altro nel soggetto risuoni in modo tutto suo, speciale, personale. E nella nostra esperienza ci siamo accorti che questa compensazione non può esser fatta altrimenti se non in modo fisico, soprattutto in modo fisico, ancorché attraverso la comunicazione tutta col paziente, e questo in quanto la via o modalità corporea è quella che il bambino sente e recepisce di più, apprezza di più, la più immediata, la più diretta.

Il bambino è più fisico per sua natura, e questa sua visceralità fisica è ciò che meglio risuona nelle sue corde dell'anima. L'abbraccio, la carezza, il bacino di mamma o papà sono sempre tutt'altra cosa!

Le premure dirette sono dunque le migliori, le più efficaci anche col paziente adulto, e questo in quanto quel bambino che è ancora dentro di lui, in un angolo più o meno remoto, si aspetta ancora quelle attenzioni, quei vezzeggiamenti, quelle compensazioni affettive che gli sono state negate da chissà quanto tempo. Il bambino ha bisogno di sicurezza soprattutto fisica, ancorché morale, una sicurezza fisicamente vissuta cioè, ha bisogno di premure fisiche, quali coccole e roba del genere, cosa che gli fa sentire la vicinanza ed il calore del genitore, la sua protezione, e questo tanto più quanto più è in tenera età. Il terapeuta deve dunque svolgere quest'opera di compensazione, e nell'agire in questo modo sta assumendo in pratica il ruolo di un "genitore correttivo", sta alimentando il bambino che vive ancora nel profondo di quelle premure, di quelle coccole, di quella tenerezza, di quella protezione, di quella vicinanza fisica che egli ancora aspetta.

Questo è il mondo dell'affettività infantile, dove il bambino ha bisogno di sentire la vicinanza fisica del genitore, per ricavarne sottile alimento di attenzione, di sicurezza, di considerazione, di affetto. Il bambino è molto viscerale dunque, tanto più quanto esso è più piccolo, più vicino all'esperienza dell'utero materno cioè. Quando l'adulto si porta dietro una grande frustrazione di quelle fasi infantili, di quelle esigenze, si presenta tanto più urgente in lui quel bisogno quanto più egli mostra paradossalmente, e non poche volte, anche di rifiutarlo. Tutto ciò per effetto di una difesa.

Un paziente che si sia sentito rifiutato sin da piccolo, potrebbe arrivare a provare disturbo per la vicinanza fisica del terapeuta, nella stessa misura paradossa nella quale egli ne avrebbe bisogno. Per cui, per quanto la via fisica sia sicuramente la più immediata ed efficace allo scopo di colmare certi vasi carenti d'affettività infantile, paradossalmente occorre somministrare questo "farmaco affettivo", almeno per i primi tempi, con grande cautela: un soggetto che non vi sia abituato potrebbe anche scappare via dal trattamento!

Il paziente prova paura di fronte a ciò che non conosce, pur trattandosi di ciò che più gli serve. Si trova come davanti all'ignoto, e questa diventa una forma di difesa dalla guarigione. La parte oscura di noi non gradisce mai la guarigione, ecco perché vi sono rimedi che vanno somministrati con prudenza, con gradualità. Purtuttavia è sempre il feedback di ritorno quello che ci deve indicare le giuste tarature delle nostre azioni correttive. Se il paziente mostra disagio, noi riduciamo l'intensità degli impulsi, se mostra immediato giovamento, possiamo anche aumentarla.

Ad un paziente depresso, sfiduciato, che rechi in sé poca autostima e che quindi abbia tanto bisogno di fiducia e di sicurezza, il prendergli la mano tra le nostre equivale ad un gesto rassicurante di un padre o di una madre, il porgergli le mani in modo rassicurante sulle spalle equivale e tranquillizzarlo, a dargli fiducia, l'accarezzargli il viso equivale a dargli segno di accoglimento e di premura. E' il bambino che è in lui che si nutre di queste cose, che le decodifica a suo modo, non l'adulto, il quale potrebbe venire fuori dalla seduta senza neanche aver capito bene cosa gli abbiamo in realtà "somministrato"!

Stessa cosa dicasi per una coccola passata sul "pancino" o sulla testa. E' il bambino che se la gode, non tanto l'adulto. E' un'energia che agisce nel profondo dunque, è un meccanismo che opera ad un livello inconscio, come se il soggetto fosse tornato indietro nel tempo ed avesse tre, cinque, dieci anni! E' un automatismo tale decodificazione nel profondo. Questa compensazione delle lacune dell'affettività infantile, ciò che noi chiamiamo Eros infantile, risulta vitale per il paziente quando in esso certi scompensi dell'infanzia siano marcati. Soggetti con profonda disistima, dunque, si avvantaggiano notevolmente di questa nostra metodologia, di questo speciale apporto tecnico.

La disistima è una pessima immagine che abbiamo inconsciamente sviluppato di noi stessi, cosa che trova spesso le sue basi fondanti in una pessima comunicazione di stima fornitaci dai nostri genitori, almeno uno dei due, se non entrambi. Abbiamo incamerato un'immagine deficitaria di noi, negativa diciamo, poiché ce l'hanno in qualche modo trasmessa, intanto attraverso una pessima comunicazione fisica, d'affettività, e poi attraverso forme di rimprovero o di critica più o meno aspre o violente, di contestazione portata anche al di là delle parole. Bastano anche delle smorfie eloquenti, delle espressioni di delusione o di riprovazione perché il piccolo recepisca di non essere stato all'altezza di qualcosa! E' un cliché che, col ripetersi nel tempo, finisce col diventare una legge fondante dentro l'infante!

Il piccolo finisce col sentirsi un incapace, se non proprio un deficiente! Quali ne saranno poi gli effetti nell'adulto? Essi potranno esplodere anche a distanza di tempo, in occasione della prima seria crisi di coscienza dell'adulto, nella quale egli si ritroverà "crollato" irrimediabilmente. E la vita non lesina di certo circostanze idonee allo scopo!

In un soggetto con una tal bassa autostima, non devi fare altro che opera opposta: alzare l'autostima con comunicazioni positive, che ne rivalutino tutta la personalità, l'operato, le potenzialità. Devi esaltare le sue potenzialità: esattamente quelle che lui non vede! Questo lo fai intanto nel dialogo, che precede o che segue la tua concentrazione ed il lavoro di energia a paziente disteso. L'affettività infantile la trasmetti invece, come già detto, attraverso la carezza, il tocco rassicurante, la coccola. Ed è tutto nettare questo per un tal tipo di bisogno.

Può accadere, difatti, che il paziente pianga, si apra ad un movimento liberatorio che gli scaturisce proprio da quel sentirsi inconsciamente amato: è un moto profondo che si attiva, che lo porta alla inevitabile commozione. Poiché ha ricevuto quel nettare che gli era sempre mancato. La compensazione dell'Eros infantile dunque è qualcosa di primario, assai spesso.

Il rafforzamento della fiducia e della sicurezza del Sé lo operi invece attraverso una affermazione ripetuta di forza e di sicurezza, come già visto, e questo ancor meglio tenendo una mano del paziente tra le tue di "genitore" inconscio, in quel momento. Stai trasmettendo una vera vitalità all'anima in tal modo, un nettare prezioso che rivitalizza la persona nel profondo.

Quando ti trovi un paziente davanti, sta a te ricavare alla fine di che cosa egli abbia bisogno. Lo estrapoli da ciò che ti racconta, dal suo modo di porsi, dalle lacune che mostra già nel porgersi, in qualche modo. Tutta la gestualità, la comunicazione non verbale parla non meno di quella verbale, anzi anche più, poiché smentisce spesso le cose che la persona crede e dice a livello razionale! Un tipo apprensivo ed insicuro tu lo vedi subito, dai segni di disagio che mostra quando tenta di affermare qualcosa, dallo sguardo sfuggente, dalla sua agitazione, ecc. Ed è evidente che in un tal soggetto pensare all'Eros infantile ed alla forza dell'Io debba rappresentare la base primaria sulla quale tessere ogni altra operazione.

Un soggetto che invece ti si presenti rigido e severo, nella postura fisica e nel tono muscolare, ma anche nei contenuti di pensiero (severità di giudizio, intransigenza, ecc.), è un altro tipo di paziente nel quale l'Eros affettivo ha certamente qualche scompenso. Il soggetto è diventato severo con se stesso (ancorché con gli altri) probabilmente a causa della severità di uno o di entrambi i suoi genitori; esso tende a trattare se stesso o altri con la stessa severità di giudizio, si rilassa poco, e si concede poco Eros tanto meno ad un livello sessuale, oltre che mentale. In un soggetto del genere certamente la componente affettiva infantile è notevolmente frustrata, ed a ruota lo sarà molto probabilmente anche quella sessuale, magari meno quella mentale (mentalmente ci si può appagare anche con dei surrogati, con dei meccanismi talvolta anche perversi!).

Per Eros mentale intendiamo tutto ciò che ci dia soddisfazione ed un qualche grado di realizzazione nella vita, una gratificazione esistenziale, una qualche pratica ginnica o artistica, o un qualche progetto utile per noi o per altri, o anche solo un hobby, una ambizione politica o lavorativa, o quant'altro. L'Eros è appagamento, e da qualche parte noi dobbiamo pure trarlo nella nostra vita;

quando non lo ricaviamo dalla fisicità sessuale, lo traiamo dalla spinta mentale, creativa o perfino perversa (progetti psicopatici, quali l'azzardo o peggio). Una persona è equilibrata quando riesce ad appagare tutte queste componenti, quella affettiva infantile, la forza dell'Io, l'Eros sessuale e l'Eros mentale. Ma se vai a ben guardare, tutto questo diventa nella realtà più un caso unico che raro! Chi non si porta dietro qualche lacuna, difatti? Dove la trovi una persona perfetta ed equilibrata così?

Non riuscire ad appagare nessuna forma di Eros, mentale, sessuale, affettivo può essere fonte di grave sofferenza per una persona. Tutto ciò che non riesce a prendere in termini di energia positiva e costruttiva, tenderà a trasformarlo in energia distruttiva. Se uno se ne va in fobie, ossessioni, forme ipocondriache, forme aggressive, se non proprio in psicopatia, o anche in malattia fisica, è proprio perché non trova appagamento in più d'una delle aree che pur esigerebbero soddisfazione. Se il soggetto non riesce ad essere costruttivo, si getta allora nella distruttività, che può avere appunto tante forme o manifestazioni, comportamentali o patologiche. Nel peggiore dei casi si chiude in una bella forma paranoica, o in una schizofrenia vera e propria, che ha anch'essa poi le sue varie sfumature, o più semplicemente si tuffa in una bella patologia fisica.

I deficit dell'Eros mentale puoi curarli attraverso l'infusione profonda, a paziente disteso, di una energia che stimoli potenza. Una impotenza la curi sempre col suo opposto. L'affermazione in tali casi diventa:" **Tutta la**

potenza dell'essere", ed a ruota: "**Una esplosione di energia!**". Ripetendo tali affermazioni, in modo ciclico, induci lo sviluppo di un campo di potenza dentro a̲l̲la persona, una energia dirompente, che nel ripetersi degli incontri terapeutici (sedute) produce il suo effetto risvegliante. Il soggetto inizia a prendere coscienza della sua potenzialità, di quello che vorrebbe fare nella vita e di poterlo fare. Solo allora, per contraltare, potranno saltarti fuori i motivi che glielo hanno impedito fino a quel momento.

L'utilizzazione della potenza dell'essere è indicatissima anche nelle situazioni di impotenza sessuale del maschio. In tal caso l'affermazione di potenza controbatte il senso di impotenza psichica, che si sottende all'impotenza fisica e sessuale vera e propria. Talvolta può essere opportuno affiancare questa azione al posizionare anche una mano direttamente sull'area genitale, onde assicuravi un passaggio diretto d'energia. E' un rafforzativo di non indifferente efficacia. Il paziente tende a sviluppare reazioni eccitative spesso in momenti successivi al trattamento, al di fuori della seduta, meno in quei momenti in cui è profondamento immerso in se stesso durante il trattamento. Questo è quanto mi è stato più volte riferito.

Ma mentre queste pratiche finora descritte sono di facile esecuzione e di efficace risposta nel tempo, il vero dramma sta nella compensazione dell'Eros sessuale, là ove molte persone, sia di un sesso che dell'altro, avrebbero estremo bisogno di una seria liberazione e di un idoneo incanalamento delle loro energie sessuali. L'Eros sessuale è ancora oggi oggetto di grande tabù e repressione, per le ragioni ormai già abbondantemente esposte, il che rende vita dura a quelle possibilità di aiuto delle quali la gente ha invece notevole bisogno. Insomma, pare che parlare di una terapia sessuale rappresenti motivo di scandalo, quando dovrebbe rappresentare invece una normalità!

Credo sia tempo di trovare il coraggio di dire che certa terapia va fatta, non negata. La paziente che si è chiusa in una difesa fisica dalle sue pulsioni sessuali come la si aiuta? Parlando? Facendo analisi freudiane a tavolino? A me consta che l'animale inconscio del corpo aneli a ricevere il nettare della eccitazione, dei toccamenti, che aneli a raggiungere gioia orgasmica, e questo al di fuori di tutti quelli che sono i nostri luoghi comuni e pregiudizi morali e religiosi su cosa sia giusto o sbagliato. Ce ne hanno riempite fin troppo le tasche! All'animale inconscio non interessano i pregiudizi o i giudizi della gente o della società: ad esso interessano i toccamenti, le eccitazioni, gli orgasmi!

La terapia giusta, in un soggetto che abbia un Eros sessuale bloccato, non può essere che quella orgasmica. Il medico deve allora stimolare sessualmente la persona, con scienza e giusta gradualità, per favorire il raggiungimento dell'orgasmo, partendo prima da un buon "orgasmo affettivo", per maturare poi un buon orgasmo sessuale. Ogni altra argomentazione è sterile e infruttuosa. Vi sono cose che vanno fatte, non solo argomentate. Il parlare col paziente ha senso solo ai fini dell'apertura di una giusta porta della consapevolezza di se stesso. E' un'anticamera. Dopo di che conta solo l'esperienza, il vissuto.

Né il medico può essere malgiudicato per il fatto di assecondare un giusto bisogno del corpo: perché questo vorrebbe dire non evolversi affatto, non esservi alcuna differenza tra una società medievale ed una del duemila! Il trattamento sessuale del paziente deve poter essere una cosa normale, al pari del trattamento di uno stomaco o di una carenza di forza dell'Io.

Ci preme rimarcare questa necessità evolutiva, in quanto non c'è progresso che non si fondi sul sapere, sulla verità, ed in quanto molti casi di sofferenza attingono alla repressione o ad una cattiva espressione sessuale. Beninteso, non sempre ci si trova davanti a situazioni di astinenza sessuale in senso stretto: tanta gente ha tanto di partner, ma ciononostante non conosce la vera soddisfazione sessuale, il vero incontro con se stessa! Tu puoi fare del sesso da tempo, magari come pratica dovuta, come una sorta di copione imposto, ma non necessariamente come esperienza libera e goduta. Quella frustrazione credi che non abbia le sue implicazioni, le sue conseguenze?

Tu puoi avere tanto di marito o di moglie, ma nonostante ciò non avere una vita sessuale appagante. Magari l'hai fatto per tanto tempo meccanicamente, ma non ti sei mai incontrata sessualmente con te stessa in modo pieno e vero. Sei stata una sorta di "ombra", di automa fisico, ma l'appagamento vero cosa è, dov'è?

Non parliamo dunque solo di astinenza qui, ma anche di cattivo rapporto con se stessi. Non ti sei mai veramente incontrata, sperimentata, c'erano blocchi che provenivano da lontano, magari dall'infanzia, o più spesso da condizionamenti educativi, o anche da esperienze traumatiche. E chi potrebbe mai aiutarti a superarli? Un essere umano di sesso opposto al tuo, che funga da ente correttivo. La donna si sperimenterà attraverso l'uomo (terapeuta maschile), e l'uomo attraverso la donna (terapeuta femminile). E puoi scoprire una dimensione erotica completamente inaspettata, rispetto al modello che ti si era schematizzato nella mente. Quanta gente ha rinunciato per sempre ad una tale scoperta?

Secoli di storia!

Il problema è che abbiamo sempre collegato l'espletamento della sessualità ad un rapporto di coppia, in una società informata soprattutto da insegnamenti religiosi. Mai che si sia considerato il bisogno di accoppiamento sessuale come una esigenza naturale, libera, non assoggettabile a giudizi di sorta, né più né meno di quando abbiamo fame e non abbiamo bisogno di chiedere a nessuno il permesso di mangiare! E' una nostra libertà di natura.

Come fanno gli animali quando hanno voglia di accoppiarsi? Vanno forse prima in chiesa a sposarsi?

Qualcuno obietterà: ma l'uomo è più complesso degli animali! E noi risponderemo: no, ha semplicemente fatto professione d'essere più stupido con le sue stesse mani!

Capitolo 8

I nostri strumenti di lavoro

Entriamo ora un po' più nel vivo della pratica della nostra medicina. Stabilito che il corpo è un fatto vibratorio, che gli stati psico-emozionali sono uno stato vibratorio, ossia campi di energia, che la vitalità corporea è un fatto vibratorio, che lo stato super-cosciente e l'attività mentale superiore sono un fatto vibratorio, non ci sarà difficile percepire tutti i nostri movimenti interni, sia quelli positivi (costruttività e salute) che quelli negativi (distruttività e malattia) come effetto di campi di energia, e che quando ci si trovi davanti ad una patologia, fisica come anche mentale, ci si trova di fronte ad uno squilibrio, ove un campo negativo si sta esprimendo in modo preponderante nel soggetto, causando sofferenza.

Non ci sarà difficile allora capire che per correggere questo squilibrio, ossia per curare questa sofferenza, si deve necessariamente agire su quella che è la bilancia tra i campi positivi e quelli negativi in gioco. In questa rivisitazione quantica dell'uomo, tutto quello che dobbiamo fare è di individuare quali siano le aree distruttive nel soggetto e cercare di riequilibrarle, generando campi costruttivi. E' come introdurre un antidoto nell'essere, questa volta non di natura fisica, farmacologica, ma energetica, sottile. Poiché è a livello sottile che il male è nato, ed è a livello sottile che noi dobbiamo imparare a controbatterlo.

Quando tu generi un campo–antidoto sufficientemente forte, il campo negativo si dissolve progressivamente da sé, giocoforza. E' un fatto matematico, né più né meno di come non puoi tenere contemporaneamente due liquidi diversi nello stesso contenitore a parità di capacità: se c'è l'uno non c'è l'altro, oppure potrà essercene parte dell'uno e parte dell'altro. Ecco, a mano a mano che aumentiamo la presenza del liquido positivo, quello negativo necessariamente dovrà uscire fuori dal recipiente! Questo è il principio.

L'altro esempio metaforico che amo spesso portare è quello della bilancia: se su un piatto, quello negativo (patologia), il peso è troppo grande rispetto a quello positivo (salute), è perché vi sono delle carenze di positività su quest'ultimo piatto. Tu aumenta il peso della positività su di esso (campi-antidoto), ed ecco che il piatto positivo inizia ad aumentare il suo peso ed a scendere, mentre contemporaneamente quello negativo sale, automaticamente: la patologia si sta dissolvendo da sé.

Questo principio della bilancia energetica credo che renda molto bene l'idea di come funzionano le cose. La nostra operatività dà dunque privilegio all'aspetto energetico e quantico, più che a quello delle dinamiche psichiche sottostanti, che pur ci sono. A differenza delle terapie analitiche, dove si parte proprio dalla analisi delle dinamiche, ma dove non v'è un apporto di energia diretto, qui si parte invece dall'apporto diretto della energia, perché poi si aprano gradualmente le maglie della comprensione delle dinamiche, cosa che può avvenire anche spontaneamente nel paziente, ma che è giusto che favoriamo anche noi terapeuti con un nostro apporto, specialmente di tipo sensitivo. Quando noi riusciamo a percepire "a pelle" in quale area il paziente è lacunoso, e che tipo di dinamiche lo stanno attanagliando, gli diamo un contributo non indifferente a tentare di guardarsi dentro ed a superarsi.

Insomma, l'auto-osservazione analitica alla fine, freudianamente parlando, resta sempre decisiva, poiché se la persona non guarda in faccia quelle che sono le sue dinamiche patogene profonde, non può superarle. A differenza delle forme di analisi tradizionale però, qui noi partiamo paradossalmente dall'apporto di energia, dalla compensazione delle lacune o dal contrasto delle negatività, apportando campi positivi secondo la bisogna, e questo, di rimando, produce apertura di coscienza ed insight, presa di coscienza per l'appunto.

Noi seguiamo qui, cioè, un processo opposto a quello proposto dalle forme analitiche tradizionali. Prima forniamo energia e poi ne ricaviamo consapevolezza. Il contrario di ciò che facevano quelle, cercando di lavorare farraginosamente e faticosamente direttamente sulla coscienza, senza dare prima alimento di energia. Questo produceva una enorme fatica, ma anche difficoltà nel tirare fuori i "rosponi" profondi del soggetto; da qui i tempi lunghissimi ed anche gli insuccessi terapeutici di quelle vecchie forme, non a caso da tempo fortemente messe in discussione.

Ora, se tu consideri che la coscienza è l'altra faccia di quella medaglia che si chiama mente, e che la sua faccia opposta è l'energia, potrai capire come tu dando energia starai facilitando la presa di coscienza mentale nel soggetto (insight). Se tu non dai energia, questa presa di coscienza si fa farraginosa, stentata, sofferta, lunga, o addirittura inaccessibile. Sarebbe un po' come pretendere che la tua auto aumenti la velocità di avanzamento senza che tu le dia più carburante!

Noi dunque lavoriamo prioritariamente sulla sfera d'energia, per lavorare conseguentemente sulla sfera di coscienza, che si dischiude a quel punto da sé. Aumentare l'energia nel paziente significa intanto aumentare la sua consapevolezza, per le ragioni appena esposte, ma significa anche aumentare la nostra stessa capacità di percepire nell'altro, poiché gli stessi campi che noi generiamo ci metteranno in condizione, a noi che siamo fuori dalle difficoltà e dagli impedimenti del paziente, di vedere facilmente in quelle che sono le sue difese e le sue lacune di fondo. L'energia dunque non lavora solo sul paziente, ma anche sul medico, di rimando aiutandolo a vederci più chiaro dentro l'altro. E' questa la magia della nostra procedura.

Quando ti giunge all'osservazione un paziente nuovo, la prima cosa della quale ti devi preoccupare, tu terapeuta, è di generare un primo campo quantico di base. Considera che parti da zero su quel paziente, ossia da un potenziale terapeutico nullo. Ora tu immagina di dover riempire una sorta di contenitore o vaso fino ad un ipotetico livello cento, per ottenere completa guarigione, parlo in termini di energia complessiva da erogare nel corso dei vari incontri, e questo al di là di quali sottovasi specifici dovrai poi riempire (psico-emozionali, erotico-vitali o quantici). Poiché parti da un livello zero, la prima energia che ti conviene erogare è quella generica indotta da "**Uno stato di benessere totale**", il campo del benessere. Restaci un bel tempo a lavorare su questo, poiché stai erogando la prima energia necessaria, e non hai ancora potenziale per capire bene su che cosa stai lavorando, e questo al di là di quanto ti ha raccontato il paziente nel primo dialogo di conoscenza.

Non dimenticare che il paziente ti racconta la sua vicenda dal suo punto di vista, non certo da quello più profondo ed oggettivo, poiché se avesse in mano le chiavi profonde della sua situazione, non avrebbe certo avuto bisogno di venire da te! Egli ti ha parlato di problemi fisici, o mentali, insomma s'è particolarmente soffermato sugli aspetti che nel suo sistema difensivo sta considerando fondamentali. Ma sono quelli poi davvero i fatti fondamentali sui quali si deve lavorare?

Il primo approccio ti serve più che altro per una prima valutazione della personalità, oltre che per sapere qualcosa della sua storia. Non ti ci vorrà molto a vedere se ti trovi davanti ad un soggetto rigido, austero nel giudizio, magari un po' arrogante. Un soggetto di questo tipo sicuramente avrà grosse lacune nell'Eros infantile, ma magari se le porta dietro anche nella sfera dell'Eros adulto, sessuale. Severità è sempre l'opposto di edonismo.

Questo tipo di paziente dunque si candida seriamente ad un trattamento dell'Eros, partendo sempre da quello affettivo, ovviamente, e procedendo per gradi. Ma non si deve sottovalutare che possa esservi, dietro ad una facciata austera, spesso una forte insicurezza, mascherata proprio da quella severità. In tal caso il paziente è candidato ad un trattamento col rafforzamento della forza dell'Io e quindi della sicurezza.

Com'è possibile vedere, le variabili in gioco qui sono tante, ossia in ogni persona possono esservi combinazioni completamente personali di quelle aree che stiamo prendendo in esame. Non esistono due persone uguali, in pratica. Quando noi ci dotiamo degli strumenti di base per sopperire a tutte le possibili situazioni di disagio, non sappiamo mai tuttavia in partenza in che modo andremo a combinarle in quel dato soggetto. E quand'anche possano essere situazioni operative similari, diverse comunque ne saranno le dinamiche di base, la storia e quant'altro. Il quadro complessivo sarà sempre differente.

Noi tuttavia qui ci siamo dotati di strumenti di base, utili a creare protocolli terapeutici di riferimento. Generiamo campi-antidoto (o di compensazione) e disponiamo di una serie di questi campi, che verranno miscelati poi in relazione alle specifiche esigenze del soggetto. Qui di fila ora riportiamo quelli che sono i campi-antidoto di cui noi ci serviamo e le aree (problematiche) nelle quali vengono utilizzati:

    a) **Uno stato di benessere totale** (campo quantico di base)

    b) **Tutta la forza dell'anima** (debolezza dell'Io)
       Sicurezza totale (insicurezza)

    c) **Abbandono totale** (rigidità psico-fisica, stati di tensione)

    c) **Rigenerazione totale** (blocco dell'Eros sessuale)

d) **Fuoco d'amore** (patologie corporee)
   Ogni processo si riassorbe e scompare
   L'area guarisce

Questi i nostri strumenti di lavoro.

Capitolo 9

Il lettino e le prime procedure

Quando si incontra un paziente nuovo, è importante intanto ascoltare un po' che cosa egli viene a portarci, ossia i suoi motivi di lagnanza, fisica, mentale, esistenziale, ed ascoltare un po' le motivazioni che egli adduce a spiegazione di quel suo stato. E' importante in questo stadio non entrare in sterili e controproducenti polemiche su affermazioni portate dal paziente, che pur lì per lì nel nostro sentire personale non trovano corrispondenza nella nostra esperienza terapeutica o nella nostra visione della realtà. Non è bene mai partire dalla polemica; questo altererebbe il rapporto, che invece è quanto di più importante si debba iniziare ad instaurare col paziente, è il binario-base sul quale fare scorrere tutta la nostra successiva azione.

Il paziente deve poter trovare anzi, nel terapeuta, specie alle prime battute, qualcuno che sappia accogliere e capire le sue tematiche di sofferenza, anche quando sin da subito qualcosa di quello che egli afferma non ci risuoni molto congruo dentro. Il rapporto all'inizio è sacrosanto. E' un pilastro fondamentale sul quale fare poggiare tutta la nostra successiva azione e costruzione.

Il paziente deve poter trovare un clima di accoglienza e di comprensione (non di giudizio cioè), e di fiducia nel terapeuta, e questo perché possa aprirsi di più e lasciarsi andare a tutte quelle confessioni che comunque sono alla base di una certa apertura psicologica, ed al successivo incremento della consapevolezza di sé per il nostro tramite.

Non è consigliabile nondimeno indugiare troppo in questa fase del racconto, se non limitandola giusto allo stretto necessario. I tempi tecnici del nostro intervento in seduta devono cercare di mantenersi nei limiti dell'ordinario, diciamo i classici tre quarti d'ora accademici, questo per lo meno in media. Per cui dopo i primi dieci minuti o al più un quarto d'ora di presentazione e di racconto, è bene passare alla fase del lettino, del lavoro di concentrazione e di profondità. E' dimostrato che l'intrattenersi troppo a lungo in questo dialogo preliminare non garantisce affatto un miglioramento del rendimento finale di quello che facciamo.

Un buon rapporto lo si può instaurare subito, ed una buona comprensione delle dinamiche di base del paziente la potremmo concretizzare in pochi minuti; sarà lo sviluppo successivo poi a decidere più in profondità la natura dei problemi da affrontare e da risolvere, e questo al di là di quello che ci porta lì per lì il paziente all'osservazione. Teniamo sempre presente che una terapia si compone di tanti atti sequenziali, o incontri, come una guerra è fatta di tante battaglie, non sempre solo di una, anzi quasi mai. Le somme dunque si tirano nel tempo e direi proprio alla fine.

In quel breve dialogo preliminare col paziente abbiamo potuto tuttavia crearci un quadro di massima di che cosa abbiamo davanti, il che ci permetterà di orientarci nel successivo nostro primo approccio operativo, che potrebbe anche essere poi modificato negli incontri successivi, in favore di equilibri nuovi che si manifestino eventualmente nelle ulteriori sessioni di lavoro. Non ci troviamo mai davanti a qualcosa di statico e di immodificabile, anzi, al contrario, ci troviamo davanti ad un quadro che all'inizio è abbastanza sfuocato, e che si mette meglio a fuoco poi con l'andare del tempo, con l'avanzare delle nostre sedute e con l'evolvere della nostra successiva azione.

La nostra percezione crescerà, come anche quella del paziente, in un dialogo a due, che puntualmente si sposta di livello, che avanza nel tempo verso frontiere più profonde nella penetrazione dei vissuti veri del paziente. Il che comporta un rimaneggiamento del nostro operato, che può partire in un modo per poi meglio adattarsi alle più profonde emergenze ed osservazioni nuove, alla nostra più approfondita visione del caso. Siamo di fronte cioè ad un processo dinamico, di studio, mai di fronte a qualcosa di statico e di immodificabile. Dunque noi stiamo studiando il paziente, e nello studiarlo adeguiamo la nostra procedura per gradi.

Ma, come già osservato, a differenza di altre forme analitiche, dove si fa analisi sin dall'inizio, qui invece si fa azione correttiva sin da subito, la qual cosa ci invia assai presto di rimando una altrettanto più profonda percezione o visione della realtà conflittuale del paziente.

Terminato il dialogo, si fa sdraiare il paziente, e si incomincia col lavorare sullo sviluppo del primo campo quantico, il quale come già visto è consigliabile che si sviluppi sulla base di una affermazione generale di benessere (**"Uno stato di benessere totale"**). E' un'affermazione, questa, di per sé già terapeutica.

Normalmente mentre affermiamo questa cosa noi tocchiamo il paziente, e questo in corrispondenza di centri nervosi o plessi che più abitualmente corrispondono al plesso solare ed a quello ipogastrico. E' consigliabile soffermarsi per un buon tempo su questi punti con le mani, mentre noi siamo ad occhi chiusi (li riapriamo ogni tanto, giusto per sincerarci sulla esatta posizione delle dita), e questo per garantire da un lato un maggiore sviluppo di campo, specie quando si è alla prima seduta, ma anche per favorire una maggiore immersione nel paziente, e magari un certo grado di rilassamento.

Questa prima affermazione reca in sé insomma tutti questi benefici, mentre il tenere le mani sui due plessi (solare ed ipogastrico) ha il pregio di instaurare col paziente anche un più intimo rapporto fisico, ed un passaggio di energie proprio in quei punti vitali, particolarmente strategici dal punto di vista degli organi splancnici. Si tratta difatti di vere e proprie "porte di accesso d'energia", che in molte persone risuonano particolarmente sensibili.

Non dobbiamo essere frettolosi in questa prima parte (e direi comunque mai!), poiché dobbiamo dare il tempo al soggetto di incamerare le nuove e giuste energie, di collaborarvi (non dimentichiamo che egli reagisce anche agli stimoli verbali, cioè ai messaggi che noi forniamo!), e di immergersi più profondamente dentro di sé e magari anche di rilassarsi, il che è già terapeutico di per sé. Ricordiamo che è sempre bene condurre in porto una operazione alla volta (campo-antidoto), affinché essa possa dare di più, piuttosto che frettolosamente passare ad altra operazione, a rischio che poi nessuna di quelle compiute lasci bene il segno!

Non v'è un tempo prefissato per ogni passaggio. Non è la quantità di tempo quella che qualifica l'efficacia della nostra azione, ma soprattutto la forza della nostra concentrazione in ciò che facciamo e la risposta del paziente, che si fa a quel punto totalmente personale. La migliore valutazione dell'efficacia di un passaggio sta proprio nella nostra stessa percezione profonda, in quel "sentire" che ci dice d'istinto che il passaggio ha avuto giusta presa, ma anche nelle risposte che possiamo ricavare dal paziente, quando lo osserviamo disteso e profondo, partecipe, e questo nei saltuari momenti in cui apriamo gli occhi per guardare.

Le dita verranno poi portate a livello del plesso cardiaco (centro del torace tra le due mammelle), e poi sul centro della concentrazione (terzo occhio), alla radice del naso, tra le sopracciglia. Quando si opera su questo punto, ci si porta a stazionare dietro la testa del paziente. Generalmente, dopo aver tenuto le dita di una mano su questo punto quanto basta, è consigliabile dare inizio ad un lavoro di toccamento ed accarezzamento delicato del viso, un primo accenno ad un lavoro di Eros infantile, sicuramente utile e necessario, e questo sempre continuando ad affermare "**Uno stato di benessere totale**".

Stiamo gratificando il bambino all'interno del paziente, ed è bene che questa azione delicata si ripeta. Starà poi alla nostra sensibilità o percezione pura stabilire se sia il caso di proseguire ancora e quanto, oppure no. Di rimando noi difatti in qualche modo sentiamo cosa vibra nel paziente, anche sottilmente, ed avvertiamo se al paziente fa bene tutto questo, o quanto faccia bene, o se o quanto sia fonte di disturbo. Questo feedback è sempre necessario, e per migliorarlo sarà bene dare un'occhiatina ad occhi aperti ogni tanto, per raccogliere "de visu" eventuali importanti dettagli.

Dopo questa nostra apertura operativa di indole generale, potremo passare ad una tappa più avanzata del percorso terapeutico, all'interno della seduta. In linea generale sarebbe opportuno lavorare preliminarmente sempre sulla forza dell'Io, e questo a prescindere dal tipo di situazione psichica presente nel paziente, e dal tipo di lacune e di dinamiche che esso si porta dentro. Non esiste difatti essere umano nel quale non vi sia una qualche lacuna della forza dell'Io; per lo stesso fatto che il paziente soffra di una qualche patologia, è presente dentro di lui certamente una qualche lacuna, sia pure di piccola taglia.

Questo primo impatto di lavoro sulla forza dell'Io può essere effettuato ponendo le mani sulle due spalle del paziente, dopo esserci posizionati e messi a sedere dietro la sua testa. Potremmo effettuare la manovra anche in piedi, ma è sempre consigliabile farla da seduti, per non andare incontro a stanchezza ancor prima di accedere ad altre e successive manovre che richiedano una postura in piedi, e magari anche per un lungo tempo. Non dimentichiamo che noi siamo erogatori di energia, e questo stanca ben oltre il comune fatto di restare in piedi. La seduta potrebbe protrarsi qualche volta oltremisura, e considerato che in taluni casi ci tocca impegnarci un po' di più nel lavoro di concentrazione e di erogazione di energia, di trasmissione di forza al paziente, non è bene arrivare al termine della seduta stremati! Primo, non si avrebbe più carburante per dare ancora dell'altro in seduta, secondo, si rischierebbe di non essere più in condizione per ricevere altri pazienti, almeno per un po'!

Morale: le energie vanno saggiamente ripartite. Certa conquista dev'essere conseguita nel tempo, nel corso di un lavoro di più sedute, non in una sola!

Stando dietro la testa del paziente, a paziente disteso supino, e poggiando le mani sulle sue spalle, una a destra ed una a sinistra, con atto fondamentalmente rassicurante, si afferma: **"Tutta la forza dell'anima"**. Questo produce e stimola una trasmissione di forza nel paziente. Questo tipo di manovra tende a rafforzare la forza dell'Io, ed è particolarmente indicato in coloro che denotano una certa debolezza dell'Io (insicurezza, sfiducia, autosvalutazione, depressione, confusione, agitazione, nervosismo, ecc.).

Si ripeterà questa affermazione un certo numero di volte, con calma, e con giusta cadenza, in modo da lasciare al paziente tutto il tempo di assorbirne congruamente le vibrazioni positive, di reagire a dovere a tale potente stimolo. La fretta, in queste cose, non è mai una buona consigliera. Cercheremo di avvertire a pelle poi quando questo nostro tipo di intervento sia da considerarsi sufficiente. Anche questo va interpretato come un apporto di indole generale, che va bene cioè per tutti i casi, né più né meno di come lo è l'accarezzamento del viso che si accompagna al primo tipo di intervento-base.

E' importante ora, tuttavia, osservare come si possano avere già, in queste prime fasi dell'approccio terapeutico, momenti di scarico emozionale nei pazienti, particolarmente quando si è toccato il viso (Eros infantile) o quando si siano poggiate la mani sulle spalle (forza dell'Io). Vi sono persone che già dopo le prime battute della terapia iniziano ad avere scarichi di pianto o di commozione. Occorre capire che tanta gente non ha mai ricevuto carezze, o premure, come può essere lo stesso posare dolce, premuroso e confortante le mani sulle spalle. Questi presidi terapeutici sono in grado di evocare in certi casi abreazioni, nelle quali dal profondo dell'anima viene fuori qualcosa di sommerso, qualcosa che la persona talvolta fa fatica anche a capire, quasi meravigliandosi che dentro di sé alberghi un'altra persona. Questo la dice lunga su quale grado di repressione o di non espressione di se stessi possa esservi in tanti.

C'è gente che per una difesa ha razionalizzato tutto, schiacciando dentro di sé le più elementari emozioni. Quando tu dai loro energia, e tanto più certa specifica energia, essa di rimando può trovare la forza per la liberazione di emozioni sommerse, delle quali non aveva neanche cognizione d'esistenza. Ho visto gente rimanere sconcertata dinanzi alle sue stesse reazioni, del fatto di non conoscere affatto in pratica se stessa! Stiamo dando energia all'anima, e l'anima ce la restituisce in termini di liberazione. E tutto questo spesso è automatico.

In casi di questo tipo è consigliabile interrompere un attimo il proprio lavoro mentale e di contatto, e interrogare la persona su che cosa le stia succedendo, esserle vicini insomma come un genitore, poiché in quel momento noi siamo un po' dei "genitori", psichicamente parlando, nella decodifica profonda da parte dell'inconscio infantile del soggetto. Stiamogli vicino dunque ed aiutiamoli a capire, e questo anche a costo che la seduta se ne vada fino al termine solo in questo modo. Vorrà dire che essa ha espresso e manifestato esattamente così tutto quello che aveva da dire! Liberare dal profondo dell'anima emozioni sommerse non è mica poca cosa! Può far girare la ruota della vita del paziente in modo nuovo!

Se quest'ultimo dovesse invece ricomporsi rapidamente, riprenderemo allora il nostro lavoro interrotto.

Capitolo 10

Eros infantile, forza dell'io e carica finale consensuale

Dopo il primo approccio operativo generale o di base, dovremo ora approfondarci nell'approccio successivo. Con questo passaggio si comincia ad entrare nel vivo delle operazioni di compensazione, che noi portiamo al paziente generando specifici campi-antidoto.

In questo stadio ci saremo già fatta un'idea di quali siano le aree carenti nel soggetto, ossia a quale livello di operatività doversi muovere. Quando ci si trovi di fronte ad un soggetto confuso, con deficit della personalità, complessato, depresso o agitato, o ad un soggetto che presenti fobie, ossessioni o forme di ipocondria, si può essere certi di trovarsi davanti ad una certa debolezza dell'Io. In questi casi il soggetto sta compensando le lacune dell'Io con forme negative o patologiche, del tipo da noi appena descritto. Particolarmente quando ci si trovi di fronte a patologie mentali vere e proprie (allucinazioni, fobie, ossessioni, ipocondria, tossicodipendenze o dipendenze varie, ecc.), si può essere certi che la lacuna di fondo è nella debolezza dell'Io, alla quale fa puntualmente da contraltare una certa carenza affettiva o dell'Eros infantile.

Su quest'ultima ci siamo già intrattenuti, quando si è parlato della tecnica della carezza del volto o dello stesso tocco terapeutico portato sulle spalle del paziente. Tuttavia sarà bene adesso aggiungere qualche altra possibilità, che starà al terapeuta di volta in volta considerare ed eventualmente adoperare. Come sempre è il terapeuta che decide quali strumenti utilizzare e come utilizzarli nel corso della terapia.

Mi preme dunque portare alla vostra attenzione una prima tecnica che possiamo definire quella del "**massaggino al pancino**", una carezza che viene elargita in modo dolce e continuato sull'addome del paziente, e che da molti è stata decodificata come una sorta di coccola portata da un genitore. Questa è una di quelle manovre capaci di evocare una bella carica di Eros nel bambino inconscio del soggetto. Va portata in modo delicato, come una mamma può fare col proprio bambino malato o sofferente. Molte persone hanno dichiarato l'efficacia di essere accarezzati in quell'area, dichiarando di prendere una speciale energia attraverso tale manovra.

Un'altra procedura che mi preme portare all'attenzione è quella del "**massaggino sul petto**" del paziente. Massaggiando il petto del paziente (la parte alta, sopra le mammelle nella donna), si evoca anche qui un ricordo antico, quale potrebbe essere quello del piccolo che viene curato al petto dalla madre. Anche questa è una manovra dal forte impatto emozionale, che ha spesso favorito l'emersione di vecchi vissuti emozionali bloccati, e questo persino in gente che aveva fatto lungamente psicoanalisi, o in persone di avanzata età.

Quando hai generato un buon campo d'energia, dopo la prima trance di operazioni di apertura, sarebbe opportuno collocare queste operazioni giusto a questo stadio, ovviamente nei casi in cui se ne ravvisi la necessità. E' pur vero che è estremamente difficile alle prime battute di una terapia, ossia alla prima seduta in particolare, discernere quali siano gli strumenti più ottimali da utilizzare in quel paziente e come meglio miscelarli, ma resta il fatto che vi sono dei casi in cui sin dall'inizio appare chiaro esser necessario ricorrere a questo tipo di procedure.

Resta il campo tuttavia il giudice insindacabile, poiché talvolta là ove si potrebbe credere a priori un qualcosa, la risposta del paziente potrebbe nel tempo poi farci cambiare idea e darci un quadro differente della sua situazione e dei suoi bisogni interiori. In tal caso si modifica la procedura, adeguandola a quanto scoperto nel nuovo avanzamento.

Vorrei sottolineare poi come queste manovre debbano essere adottate comunque sempre in modo completo ed esaustivo, mai nei termini di una toccata e fuga, nel quale ultimo caso potrebbero non sprigionare tutta la potenzialità dei loro benefici effetti. Pertanto il massaggino al pancino, come anche il massaggino al petto dovranno essere portati con amore e cura, per un tempo sufficientemente lungo, prima di poter tirare conclusioni attendibili in termini di risposta da parte del paziente.

La risposta non deve necessariamente consistere in una abreazione vistosa, come i casi prima raccontati (scarico di pianto e commozione coinvolgente), ma anche in termini di maggiore o minore sensibilità a quella data manovra. Sarà sempre nostra particolare premura poi domandare, al termine della seduta, le sensazioni vissute dal soggetto nel corso del nostro intervento di concentrazione, chiedendo specificamente sui singoli passaggi che abbiamo operato. Non esiste un feedback migliore di quello che il paziente stesso ci fornisce!

Dalle sue riposte sapremo quanta valenza hanno determinate manovre o procedure su altre. Solo allora potremo utilizzare a nostro vantaggio, ai fini del prosieguo del trattamento, risposte più eclatanti o più positive. Il paziente ci dirà insomma a che cosa sta rispondendo meglio. Questo ci aiuterà a meglio indirizzare la nostra azione successiva.

Queste pratiche di compensazione dell'Eros infantile si completano con un'ultima manovra che è a comune con la procedura adoperata per rafforzare l'Io. Questa procedura è da adoperarsi in quei pazienti succitati, che lamentano debolezze chiare nella sfera dell'Io. Il medico si sposta in questo caso al lato del paziente, e prende la sua mano (generalmente la destra) tra le sue, come in una presa paterna dal sapore molto rassicurante. Già in sé questa manovra reca la valenza di una carica affettiva per il bambino inconscio.

Per tutto il tempo la mano del paziente dovrà restare tra le mani del "genitore compensativo inconscio"; si incomincerà poi ad affermare, con gradualità e senza fretta: "**Tutta la forza dell'anima**" e dopo qualche round "**Sicurezza totale**". E si continua a ripetere l'una prima e l'altra dopo, senza sosta, fino a che non avvertiamo che il carico di forza che stiamo scaricando nel paziente si sta facendo grande e vibrante. Solo a quel punto lo potremo considerare sufficiente per quella seduta.

Importante chiarire inoltre che tutto il senso di forza e di sicurezza, in questa speciale operazione, lo trasmetteremo noi stessi con tutto il nostro essere, intanto attraverso il vigore della nostra presa, ma anche con il tono tutto della nostra comunicazione, che dovrà essere fermo e deciso, pur se pacato. Non va sottovalutato ogni pur piccolo aspetto della nostra comunicazione in generale col paziente, non ultimo quel senso di fiducia che noi gli trasmettiamo quando gli corrispondiamo certezza, quando gli trasmettiamo rassicurazione sulle sue idee o sulle sue potenzialità, là dove altri lo hanno spesso bocciato o addirittura deriso.

Le nostre affermazioni non dovranno mai restare solo qualcosa di tecnico e di avulso dal paziente, qualcosa di formale, una cosa detta con le labbra ma non col cuore, ma dovranno essere trasmesse come una vera forza vibrante che impegna tutti noi stessi, non ultimo attraverso il vigore della nostra stessa presa. L'altro dovrà "sentire a pelle" quel calore e quella certezza, il vigore di ciò che gli stiamo trasmettendo: così egli prende forza e sicurezza.

Quel bambino" dovrà sentire che il papà o la mamma gli sta dando forza, certezza, tranquillità, fiducia: tutto il senso di rassicurazione e di forza che gli serve gli viene trasmesso da quella presa sicura del suo genitore! Non siamo dunque di fronte ad un atto formale e burocratico qui: è la nostra anima che si sta trasmettendo all'altro totalmente, con quella nostra vibrazione. I primi a crederci, dunque, dobbiamo essere proprio noi! Noi, in quel momento, siamo la sua certezza!

Quel carico di forza che riusciamo a trasmettere al paziente è di vitale importanza per lui. Qualora le sue problematiche siano di natura più squisitamente psichiatrica, ossia casi di fobia, di ossessione, di ipocondria o di allucinazione, quella carica di forza inciderà non poco sulla bilancia interna del paziente, al punto che quando essa assume maggiore consistenza (piatto positivo) inevitabilmente andranno a ridursi i bisogni di compensazione patologica, ossia quei sintomi dei quali il soggetto soffre. Un paziente che abbia perso forza e fiducia di sé, sicurezza, tende in genere a scivolare in un cattivo controllo di se stesso, in un certo stato di confusione e di smarrimento, ed in forme falsamente compensatorie quali ossessioni (fissazioni) o fobie (paure di determinate cose, come dell'acqua o degli spazi aperti o dei luoghi chiusi).

Il negativo (sintomo psichiatrico) predomina a falsa compensazione di un positivo carente (forza dell'Io, autostima, fiducia, sicurezza, ecc.). Tu aumenta tale positivo ed il negativo automaticamente scema, si riduce o scompare. Quando aumenta la forza dell'Io, automaticamente si riduce il bisogno di aggrapparsi a false soluzioni, a pretesti interiori. Il paziente tende a cercare soluzioni vere, inizia insomma a ritrovarsi, ma come fatto automatico, spontaneo, non di calcolo. Ovviamente noi possiamo sempre rafforzare questa nostra azione con un apporto di parola, specie al termine della fase operativa di concentrazione. Tutto contribuisce a dare fiducia ed a rafforzare il paziente.

Importante in tal senso contribuire in termini di comunicazione correttiva, là ove vi sia un dato scompenso della forza dell'Io, dell'autostima. Nulla di migliore in tali casi che dare suggestioni (o meglio informazioni correttive) di tipo opposto a quelle che rappresentano le negatività di base del paziente. Se il paziente ha poca stima di sé, basta rimarcare quelle che sono le qualità che a noi balzano già abbastanza evidenti, o se la persona ha poca sicurezza in se stessa, basta farle intendere di potersela cavare perfettamente da sola nelle sue scelte e nella vita.

Insomma il negativo lo si controbatte col suo opposto, e quest'opera può essere condotta benissimo in fase di conversazione, di comunicazione verbale dialogica. Non dimentichiamo che il paziente è da noi per ascoltarci, e per ricevere le nostre "ricette curative", per cui quanta più fiducia egli avrà maturato in noi attraverso i primi riscontri terapeutici, tanto più ci ascolterà e vi reagirà.

Questa opera conversazionale rappresenta quel qualcosa in più, che sigilla e rafforza l'azione che abbiamo perfettamente avviato nel profondo con questo tipo di manovra. Col procedere delle sedute, quel campo di energia che noi andiamo ad ingenerare nel paziente, un campo di forza e di sicurezza cioè, si accrescerà notevolmente, sino a farsi corposo, per cui il paziente si sentirà diverso, ed arriverà a non avere più bisogno di ulteriore aiuto. Si sarà ormai compensato abbastanza, ed i suoi sintomi saranno del tutto scomparsi. Alla persona smarrita ed insicura, magari in crisi di coscienza o di identità, si sarà sostituita una persona decisa e determinata, che sa ormai quello che vuole e come ottenerlo. Questi i miracoli dell' energia, quando è ben mirata.

Ovviamente nessuno potrà stabilire a priori di quante sedute quel tale paziente avrà bisogno, per raggiungere tale obiettivo. La scoperta la si fa strada facendo, non può essere prestabilita. Generalmente è il paziente a decidere quando "si sente bene", e non ha più bisogno del dottore. Lasciamo decidere a lui. Anche se poi l'ultima parola spetterà sempre a noi. Ma è importante che il paziente stesso avverta tutta quella fiducia del poter decidere da solo, di poter essere lui il protagonista della sua rinascita! In fondo è lui ad avere il polso della sua situazione, molto più di chiunque altro.

Un'altra tecnica che mi sento di suggerire è quella della **Carica finale consensuale**. E' una tecnica che sconsiglierei di utilizzare in modo sistematico in tutti i pazienti, mi riferisco a quelli con carenze dell'Io. Tuttavia è uno strumento che mi pare giusto portare all'attenzione e mettere a disposizione dei futuri terapeuti. Vi sono casi in cui può rivelarsi prezioso. Nella mia esperienza mi sono accorto che questa procedura in alcuni casi non era affatto utile, mentre in altri si rivelava decisiva, facendo davvero la differenza. Come sempre la decisione o il vaglio finale spetterà sempre al terapeuta, magari anche grazie ad una semplice percezione "a pelle".

Questo tipo di tecnica consiste nell'invitare il paziente ad afferrare le nostre mani nelle sue, ed a stringerle, onde lasciar fluire liberamente dall'universo, in questa speciale sinergia di campo assieme favorita, tutta l'energia che nella specificità del caso serve, in relazione agli obiettivi da raggiungere. Per favorire tutto questo, ci disponiamo intanto dietro la sua testa. Noi affermeremo che in quella nostra presa si lascerà che tutta la forza cosmica possa fluire direttamente dentro entrambi, e questo allo scopo di correggere rapidamente una specifica lacuna nel paziente, o che egli superi una difficoltà o diventi più forte ("Ti sentirai un leone!", ecc.), o vinca sulla sua impotenza, o raggiunga un qualche altro scopo personale.

La manovra si rivela piuttosto forte e vincente in alcuni casi, in altri meno. Tutto dipende da quanto essa è sufficientemente mirata, e dalla tipologia psichica dell'altro. Per queste ragioni essa dovrebbe sempre essere prima testata.

"Sei pronto?", gli chiediamo. Quando egli risponde di sì, allora ci lasciamo afferrare le mani, e stringiamo entrambi con vigore, nell'intento di "evocare" dal cosmo quelle sospirate forze. Il paziente generalmente non si farà pregare, e si lancerà in questa presa "maschia", dal sapore quasi esorcistico. Qui ci impegneremo al massimo per "caricare" quanta più forza nel paziente. Alcuni pazienti mi hanno riferito di aver trovato questa manovra particolarmente efficace, anzi proprio decisiva, altri hanno lasciato intendere di non averne ricavato poi grande profitto. Pertanto siamo davanti a reazioni molto personali. Da qui la necessità di farne un primo test, ossia utilizzare la sua prima applicazione come esame generale, riservandoci di utilizzare ancora la manovra solo qualora il paziente si presenti alla seduta successiva con chiari segni di miglioramento.

Personalmente suggerirei, tuttavia, di non utilizzare questo tipo di manovra nelle prime fasi del lavoro terapeutico, ma di riservarlo solo a casi più avanzati (dopo varie sedute), quando si sia creato già un discreto potenziale positivo d'energia, che possa fungere da base di lancio per un definitivo decollo della terapia. Sarebbe un peccato "sprecare" una tale potenzialità in una fase iniziale, a potenziale zero! In altre parole, in alcuni casi questa tecnica potrebbe rappresentare l'arma vincente in più, il colpo di grazia finale, capace ci chiudere o quasi la contesa terapeutica, per cui sarebbe sciocco sprecarla nelle fasi iniziali, quando nel paziente non vi siamo ancora basi sufficientemente solide per reagire grandemente.

Capitolo 11

Il protocollo di base

Abbiamo descritto nelle linee fondanti sia le tecniche che i principi con i quali affrontiamo la nostra terapia quantico-mentale sui pazienti. Abbiamo anche detto che i casi non sono mai uguali, per cui le variazioni operative idonee per ogni singola circostanza dovranno essere da noi operatori studiate e vagliate di volta in volta. Ci serviamo dei feedback di risposta che ci provengono dal paziente, per regolarci su quanto e come una data modalità tecnica stia incidendo efficacemente o meno nella terapia, riservandoci di variare lo schema a "gara in corso", valutando tali risposte e studiando di volta in volta le esigenze del caso.

A tutto vantaggio dell'operatore, possiamo tuttavia istituire un "protocollo di base" dal quale partire, diciamo in modo universale, riservandoci poi di variare i singoli strumenti di lavoro in corso d'opera, sulla base delle evidenze ottenute nel prosieguo del nostro lavoro sul paziente. Diciamo allora che la seduta-tipo potrebbe essere la seguente: il paziente nuovo arriva e noi lo accogliamo calorosamente, lo facciamo accomodare di fronte a noi per la prima conversazione di base.

Questo primo dialogo dev'essere mirato ad ottenere una migliore conoscenza dell'altro, e ad instaurare da subito un valido rapporto di reciproca fiducia. Non è mai consigliabile tirare conclusioni sullo stato del paziente prima di aver bene approfondito la natura dei suoi problemi, e che l'altro stesso abbia preso l'energia necessaria per guardarsi meglio dentro. Dunque quand'anche noi avessimo di già ricavato alcune importanti impressioni sull'altro, evitiamo tuttavia di metterle sul piatto, almeno per ora. E' troppo presto per tirare conclusioni! Facciamo più che altro rapporto dunque, ed ascoltiamo intanto un po' della sua storia, necessaria per farci un quadro quanto più esatto del caso.

Si spiega poi al paziente come procederà la seduta di concentrazione sul lettino, a meno che egli non sia stato già informato da altri prima di giungere da noi; quindi lo invitiamo a sdraiarsi supino sul lettino ed a restare abbastanza tranquillo e quanto più rilassato. Spieghiamo che faremo dei movimenti di respirazione preparatoria alla nostra azione d'energia, e lasciamo libero il paziente di poter fare altrettanto qualora lo desideri, anche se sdraiato (cosa che ogni tanto accade).

Poi chiudiamo gli occhi, ed eleviamo la nostra coscienza verso l'alto (sguardo interiore), cercando l'aggancio alla quinta dimensione, evocando in noi la chiave KY24. Questo inizierà a trasformarci in canalizzatori di potenza. Passeranno alcuni istanti dunque in silenzio, e solo quando sentiremo di esser pronti come dei "canali", apriremo appena un istante gli occhi, per vedere dove mettere le mani sul paziente, e porremo le dita sul plesso solare e su quello ipogastrico, contemporaneamente. Quindi inizieremo ad affermare "**Uno stato di benessere totale**".

Questo aiuta il paziente a rilassarsi e ad entrare in qualche modo in sintonia con noi. Alcuni sentono subito molta energia, altri non sentono granché, ma questo è poco influente ai fini del nostro risultato. Ripetiamo tale affermazione più volte, con calma, trasmettendo efficacia al paziente, non solo recitando vuotamente con le labbra. Il paziente dobbiamo considerarlo guarito già dentro di noi, sin dalla partenza!

Il senso di benessere totale dev'essere da noi vissuto per primi, avvertito, per poter esser trasmesso all'altro. Nulla di quello che facciamo è efficace se fatto solo meccanicamente, senza intenzione, senza cuore, se affermato solo con le labbra o gestito solo come cosa formale, se non è da noi voluto e sentito. Poiché trasmettiamo esattamente ciò che noi per primi avvertiamo. Le vibrazioni della nostra anima si trasmettono: e la vera medicina alla fine siamo proprio noi!

Se in noi terapeuti c'è già in partenza la certezza e quindi l'idea della guarigione dell'altro, noi trasmetteremo e presto quella vibrazione, con tutti noi stessi, e quindi attraverso tutti i canali possibili, tanto quelli operativi di profondità come quelli conversazionali. Dobbiamo abituarci dunque a concepire il paziente fuori dal problema già dentro di noi, ancor prima di iniziare!

Poi faremo scorrere le nostre dita sul plesso cardiaco e dopo ancora sul centro della concentrazione. E' bene sostare in questa fase quanto più a lungo, è bene non essere mai sbrigativi, poiché in questa fase stiamo gettando delle basi importanti di comunicazione col paziente e di profondità, di energia e di coscienza, basi che debbono poi lavorare a nostro favore nelle fasi successive, dove si entra in operatività più selettive. Questo preliminare deve occupare dunque una buona porzione di seduta, se vogliamo affacciarci alle fasi successive con una bella fetta di terreno pronto sotto i piedi.

Non dimentichiamo mai che noi dobbiamo colmare quel famoso vaso di energia positiva al cento per cento, per avere successo terapeutico, e che all'inizio della terapia noi partiamo da potenziale zero. E' fondamentale dunque creare un minimo di base, su cui poter meglio poi trovare reazione (amplificazione di energia) nelle operazioni successive. La nostra azione terapeutica si fonda difatti soprattutto sull'opera contrapposta di campi di energia, dove le forze positive e di guarigione all'inizio sono scarse e perdenti. E' un lavoro di sviluppo, di accumulo e di progresso dunque il nostro, i cui frutti li si osserva quando i nostri campi terapeutici sono diventati più consistenti, nel prosieguo del trattamento, più di rado sin da subito, col vantaggio tuttavia che il crescendo terapeutico è piuttosto veloce nell'avanzamento delle nostre sedute, quando incrementiamo tale campo articolato (fatto di più sotto-campi, che lavorano ai diversi livelli dell'essere).

Dopo questa fase di apertura, che facciamo stando al lato del paziente, ci spostiamo dietro la sua testa, e posiamo delicatamente le due mani una su ogni spalla. Ora affermeremo: "**Tutta la forza dell'anima**". E' una prima modalità di dare impulso alla forza dell'io nel soggetto. Ripeteremo questo per alcune volte, fino a che non sentiremo che per il momento può bastare. Questo è da considerarsi un passaggio intermedio, tuttavia efficace prima di andare a lavorare su altri aspetti più o meno specifici, in relazione alla problematica presentata dal soggetto.

Il paziente inizia a sentirsi intanto "rianimato", acquistando una importante forza nel profondo, almeno quanto basta per questo nostro inizio. Ora il soggetto sarà pronto per una operatività di tipo fisico, quale potrebbe essere un **Eros infantile** ad esempio. Vi sono spesso lacune dell'Eros infantile nella gente, tanto più in soggetti con particolari debolezze dell'io, con stati di fragilità insomma. Le carenze affettive vi si accompagnano assai spesso, per cui non è disdicevole integrare in questo nostro protocollo generale una specifica azione condotta attraverso la corporeità.

Le manovre suggerite in apertura sono queste: si pone una mano su una spalla del paziente (conforto genitoriale) e si passa l'altra dolcemente ad accarezzare il "pancino" del bambino" (**Massaggino al pancino**). La nostra azione dovrà essere vissuta già dentro di noi in termini di amore e tenerezza verso un figlio, anche se poi anagraficamente il paziente dovesse essere più grande di noi!

Se tu accarezzi la pancia del paziente pensando ad un atto erotico, potresti trasmettergli dell'Eros sessuale, poiché il paziente riceve quello che tu gli trasmetti nella tua intenzione! Attento pertanto a quello che pensi in terapia, poiché lo trasmetti in qualche modo! Mentre in quel momento tu sei il genitore che sta accarezzando il suo bambino!

Terminata questa "coccola al pancino", continuando a tenere una mano poggiata su quella spalla, in modo rassicurante, passa l'altra mano sul suo petto, nella parte alta, dove non ci sono mammelle. Anche qui il bambino inconscio si sentirà gratificato da quella tua carezza, da quel **Massaggino al petto** dal sapore rassicurante, di un genitore, e questo al di là che il tuo paziente abbia trenta, cinquanta o settant'anni! Il bambino è ancora lì nell'inconscio, e non c'entra con l'adulto.

Quando compi questa operazione, puoi tranquillamente utilizzare l'affermazione "**Uno stato di benessere totale**", a supporto verbale di essa. Questo tipo di intervento abbiamo visto che agisce sul bambino interiore, dandogli premure e rassicurazione, senso di protezione e sicurezza. In un soggetto tuttavia che dia segni di Eros sessuale represso, di rigidità caratteriale, ancorché fisica, che mostri una qualche forma di "armatura caratteriale" di reichiana memoria, soggetti in genere molto avari di autogratificazione, ma avari spesso anche verso gli altri, un trattamento a base di **Eros adulto** sarebbe indicatissimo. Anche qui occorrerà vedere poi, nel prosieguo degli incontri e sulla base dei feedback portati dal paziente, come sia meglio tarare o correggere le nostre mosse o integrarle con altro. Come abbiamo ormai abbondantemente visto, la nostra pratica è contemporaneamente uno studio del paziente, fondato sulle risposte ricavate dagli stimoli da noi forniti.

Quando tratti il paziente per stimolarne l'Eros adulto, parti sempre da un livello più leggero o di superficie, se i responsi te ne daranno nel tempo indicazione positiva, prima di approfondirti in un vero e proprio stimolo eccitativo o francamente orgasmico. Occorre sempre discernere di fronte a che cosa ci troviamo, quale tipo di equilibrio e di esigenza. Occorre evitare che una manovra, pur necessaria e terapeutica, possa diventare una "violenza" quando troppo anticipata. E' come cercare di insegnare ad un bambino della scuola elementare delle equazioni di terzo grado!

Problemi di Eros represso ce ne sono in molta gente, sia uomini che donne beninteso, e curare questi casi con una stimolazione sessuale è quanto di più indicato. Occorrerà sempre tener presente, tuttavia, di fronte a quale tipo di resistenza ci si venga a trovare, nel qui ed ora ovviamente, quanto il paziente sia aperto e fin dove lo sia ad un certo tipo di progresso. Poiché quella evoluzione, ovvero l'apertura del Sé all'Eros, la si conquista a gran fatica e per gradi, non di colpo. E' un percorso di crescita questo, oltreché di terapia.

Non è mai il caso dunque di partire da stimoli troppo dichiaratamente sessuali, ma sempre da stimolazioni corporee che abbiano il sapore più di un accentuato tocco affettivo che di uno francamente sessuale. Solo quando il paziente dovesse denotare, nel corso del trattamento, un'aperta maturità verso questo tipo di pratica e di esigenza, si potrà pensare allora ad una terapia più miratamente orgasmica.

E' nel dialogo a due che si instaura tra paziente e terapeuta, dunque, che viene studiato il caso, e quando si evinca la necessità di procedere in un trattamento di questo tipo, sarà sempre bene partire in modo morbido, per studiare poi le reazioni del paziente, non solo in seduta, ma anche le risposte successive, durante la settimana seguente, quella che precede il nuovo incontro. Molte persone, che denotano un certo grado di rigidità, non chiedono di meglio che di essere trattate con una stimolazione dell'Eros sessuale, la qual cosa produce risposte di apertura al mondo di indole anche più generale, oltre che con se stesse. Quel contatto fisico tra terapeuta e paziente diventa un po' la cartina al tornasole della "intimità" che si riesce a raggiungere con se stessi e con gli altri, alla fine!

Il paziente allarga le maglie della sua "disponibilità profonda" insomma, e questo si riflette automaticamente anche nei confronti degli altri. Più libertà (cioè disponibilità) egli conquista verso la sua persona, più egli ne conquista anche verso le altre. Peraltro il senso di severità e di grettezza che spesso si accompagna a questo tipo di soggetti tende anch'esso ad attenuarsi, per effetto di tale magico allargamento di coscienza.

E' importante tuttavia, ribadiamo, che gli approfondimenti della intensità degli stimoli non superino mai i livelli di guardia che nel qui ed ora possono esserci nella persona. Sta a noi dunque monitorare queste cose e dosare gli stimoli in modo adeguato alle risposte ricevute.

Di primo acchito dunque non conviene mai passare le mani su aree genitali o mammarie, insomma su aree dichiaratamente erogene. Non sono mai quelle le prime aree interessate dalla nostra stimolazione tattile. E' molto positivo invece passare le mani in modo carezzevole e quasi affettivo su aree delle braccia, delle spalle, e delle gambe, ma sempre in modo non troppo profondo ed invasivo.

Lo stesso tocco lo puoi portare con gradi di profondità ed intensità ben differenti. Tu trasmetti esattamente quello che intendi trasmettere, onde stimolare nell'altro ciò che ti prefiggi. Se dunque vivi dentro di te un senso di possesso carnale (nell'intenzione terapeutica, ovviamente!), ad esempio, tu lo trasmetti col tuo tocco, che automaticamente si adegua a quella tua idea e la comunica. Citiamo questa eventualità più estrema giusto per meglio intenderci.

Non è tanto importante dunque l'area che tu stimoli, quanto il modo in cui lo fai, che cosa hai in mente e trasmetti quindi all'altro. Se hai in mente un desiderio carnale, tu lo trasmetti. Se hai in mente una tenerezza affettiva, tu la trasmetti, se hai in mente un senso di protezione, tu lo trasmetti. Poiché diverso sarà alla fine il modo in cui si andrà ad esprimere il tuo tocco.

L'approfondimento di cui parliamo si riferisce dunque più a questa modalità del contatto o tocco, che alle aree stimolate. Non sempre è erotico ad esempio toccare direttamente aree genitali o francamente erogene, non necessariamente. Ma può stimolare eccitazione talvolta l'accarezzamento di aree anche abbastanza defilate, come le braccia o le gambe, o il collo, quando toccate in modo "carnale", trasmettendo cioè una bramosia sessuale, una voglia di congiungimento carnale. L'altro la riceve. E questa cosa può rivelarsi utile nei casi in cui vi sia remora sessuale, blocco, repressione, un qualche impedimento insomma.

Lì devi agire stimolando la sessualità, evocandola in qualche modo, ma lo devi fare sempre con tatto, con intelligenza, mai con volgarità, e possibilmente in modo quanto più sottile ed indiretto, specie agli inizi, quando il paziente non si sia ancora bene aperto a questa area della terapia e l'abbia fatta abbastanza sua. Pur agendo in modo indiretto, l'animale inconscio decodifica lo stesso i nostri stimoli, sentendoli come sessuali, e reagendovi di conseguenza (eccitazione fisica o psichica, fantasia erotica ecc.).

Un soggetto potrebbe eccitarsi e risvegliare vibrazioni erotiche sopite o ricacciate nell'inconscio. E questo gli serve, per riconnettersi con se stesso, recuperare quelle parti di sé negate. Ma occorre sempre fare le cose con gradualità, con giusta misura. Il concetto ideale è quello di "fare questa cosa senza farla": all'apparenza non stai stimolando sesso, eppure il soggetto si sta eccitando e riconnettendo a se stesso. Questo, ripetiamo, in fase di approccio alla operatività dell'Eros adulto.

Le aree più idonee dalle quali partire per dare stimolazione erotica sono la nuca, le spalle e la prima parte del dorso, la pancia, la curvatura della schiena, l'interno delle cosce, ma non escluderei anche i piedi. Quando il paziente è maturo per capire questo tipo di intervento, se ne può condividere anche apertamente la progettualità, il senso di quello che ci si appresta a fare; quando il paziente ancora non lo è, meglio evitare di spiegare troppo, di approfondire troppo, poiché questo potrebbe fare scappare la persona (pregiudizi), mentre il nettare della stimolazione dell'Eros l'animale inconscio se lo beccherebbe comunque, indirettamente: esso non chiede di meglio, anche quando la parte razionale riuscirebbe ad obiettare chissà che.

Capitolo 12

La terapia corporea

Siamo giunti dunque al termine di questa nostra esposizione, ove abbiamo tracciato le basi principali da un punto di vista operativo, ancorché teorico di questa nostra medicina, una scienza che si fonda sui campi di energia sviluppati dalla mente e proiettati nella sfera psicofisica del soggetto, a compensazione delle sue lacune profonde. Una scienza della compensazione quantica se vogliamo, alla quale fa da contraltare la scienza dei conflitti sottostanti, che vengono in tal modo "spremuti" fuori a suon di spinte di energia. Una modalità opposta a quelle più classicamente analitiche in psicoterapia, ove si partiva dalla analisi dei vissuti per cercare di cambiare gli equilibri di energia nel soggetto.

Quando lavori sull'energia, sei più veloce ed efficace, poiché l'energia è il carburante che alimenta tutti i processi psicofisici e di coscienza dell'uomo, sia nel positivo che nel negativo. Se una persona è caduta in disgrazia con se stessa, vuol dire che ha sviluppato più forza negativa che positiva, e non v'è via più veloce se non quella di resviluppare forza positiva dentro di essa. I conflitti saltano fuori poi inevitabilmente, spinti in superficie dalla forza positiva stessa che stiamo stimolando. Analizzarli e superarli è facile quando c'è un motore trainante di fondo; caso contrario, si può rischiare quelle forme di stallo dove il paziente non va né avanti né indietro, situazioni di sterilità legate alla non presenza di un efficace motore trainante di base.

Ovviamente, quando vi sono campi negativi in eccesso occorre sempre vedere di che tipo di campi si sta parlando, ossia la loro natura di massima, in quale area essa si colloca. Lo studio del paziente diventa sempre sacrosanto, ma la cosa migliore è che il terapeuta valuti queste cose in modo sotterraneo, non necessariamente dichiarato. Occorre che il paziente sia pronto alla presa di coscienza per poterne parlare apertamente con lui, la qual cosa peraltro sarebbe la migliore, specie quando si instauri una buona alleanza di lavoro assieme. Ma occorre che il paziente veda e condivida quella ottica, e non sempre è così. Spesso il paziente si porta dietro idee precostituite che mal corrispondono a quelli che sono i suoi veri motivi di fondo. D'altronde se una persona vedesse tanto chiaro in se stessa già in partenza, che bisogno avrebbe mai di noi?

Se vi sono campi negativi in eccesso (fisici o psichici), è perché vi sono campi positivi in difetto (lacune). Quando noi riusciamo ad individuare le aree lacunose nel soggetto, già siamo messi bene, poiché gli stiamo fornendo qualcosa di mirato, una compensazione mirata, efficace alla partenza. Non dimentichiamo che i nostri campi di energia positiva apportati hanno comunque bisogno di crescere quanto basta per mostrare la loro efficacia piena, e questo può richiedere alcune sedute. Ma talvolta i frutti si vedono anche subito.

Quando il paziente mostra segni di peggioramento, vuol dire che le resistenze al cambiamento sono molto forti. Il paziente non ha molta voglia di mettersi in discussione, ad un livello inconscio ovviamente, di guardarsi dentro, di modificare i suoi schemi di pensiero (o atteggiamenti mentali). Questo accade più facilmente con gli anziani, che sono ormai abbastanza strutturati (anche se male) e tosti, ma non è una legge assoluta: qualche volta capita che un soggetto più giovane si mostri altrettanto refrattario al cambiamento, ed uno anziano abbia magari la bontà di voler capire e di accostarsi a qualcosa di diverso!

Vi sono casi che all'inizio peggiorano, per poi migliorare rapidamente, e casi che migliorano da subito progressivamente. Quando il paziente va solo a peggiorare, nonostante tutte le nostre "attenzioni", vuol dire che non è nelle condizioni di poter cambiare. Sta a noi allora decidere se dimettere il paziente dalla terapia. Non siamo obbligati a proseguire quando non ve ne siano le condizioni nell'altro: la guarigione non è qualcosa che debba piovere dal cielo, che sta solo al medico evocare, ma un processo di lavoro che si compie a due, un guadagno che medico e paziente potranno conquistare solo se entrambi animati da determinazione e pazienza.

Sono casi minori questi, per fortuna, ma dobbiamo tuttavia mettere in guardia anche da queste cose, che si possono affacciare puntualmente all'orizzonte. Vi sono persone che, per quanto si dicano ben disposte a cambiare e guarire, in realtà intendono, almeno inconsciamente, tenersi ben stretta la loro malattia, magari perché essa dà loro una sorta di guadagno secondario tutto loro, un qualche beneficio familiare, sociale, al quale forse si sono tutto sommato aggrappati e al quale forse non rinuncerebbero nemmeno più! Attenzione dunque a ciò che si dice verbalmente e razionalmente, perché non sempre corrisponde a ciò che si pensa sotterraneamente!

Vi sono persone poi che non intendono inconsciamente e forse neanche coscientemente rinunciare ai loro modi di essere, per cui parlano di guarigione solo con le labbra. La guarigione è un cambio di modalità dell'essere, non è solo un bell'auspicio. Se la persona è gretta e anaffettiva ad esempio, dovrà lasciarsi andare a diventare più aperta ed affettiva. Ma questo può non piacere, e la persona scappa, magari anche solo peggiorando coi suoi sintomi. Non è facile cambiare i propri schemi di una vita, così, d'emblée, specie quando si sono molto strutturati e radicati, come negli anziani.

Abbiamo sempre tuttavia il diritto di rifiutare certi casi, come terapeuti, non siamo obbligati a prenderli in cura. La cosa migliore che io possa suggerire, dunque, è quella di non garantire mai niente, e di "prendere in osservazione" il caso per qualche seduta, riservandosi di dare una valutazione solo dopo qualche tempo. In tal caso abbiamo tutto il diritto di rifiutare la prosecuzione del trattamento, né più né meno di come un chirurgo si rifiuta di mettere le mani in una situazione che non gli fornisca sufficienti garanzie di successo del suo intervento, o peggio ancora che si presenti a rischio. Sono misure estreme, ma è sempre bene tenerne conto quando impattiamo con una disparità notevole di casi.

E' stato preso in esame tutto un armamentario di lavoro, fatto di strumenti idonei ad affrontare le più disparate situazione lacunose. Vorrei ora tuttavia introdurre altri due strumenti decisivi nella conduzione di una terapia, frutto anch'essi di lunga ricerca. Il primo riguarda specificamente gli aspetti della medicina fisica, ossia l'azione su forme fisiche di patologia, quali possono essere un tumore o una infiammazione o una degenerazione (cutanea, splancnica, ecc.).

Il paziente ci porta ad esempio un tumore con localizzazione viscerale, epatica, pancreatica, gastrica o altro. Bene, dopo aver fatto tutto il percorso (che abbiamo chiamato protocollo di base), dopo la fase dell'Eros infantile e della forza dell'io (tecnica della mano), allora generiamo un campo che induciamo affermando "**Fuoco**

d'amore", in questo caso deputato a generare una vibrazione–fuoco, classica di ogni processo di purificazione e di guarigione. Ogni guarigione si accompagna spesso a forte senso di calore, ad esempio.

Ripetiamo questa formula mentre posiamo le mani sull'area interessata, facendo sì che l'energia penetri all'interno del corpo, qualora l'area sia in profondità. Per quanto riguarda lo stomaco, la cosa è di facile realizzazione, poiché lo raggiungiamo facilmente sotto le mani, mentre per quanto riguarda il pancreas dobbiamo fare un po' di pressione in più, poiché è sotto lo stomaco, onde indirizzare l'energia più in profondità. Importante che le nostre affermazioni vengano ripetute a voce (senza gridare tuttavia), affinché il paziente riceva il messaggio e vi reagisca anch'egli inconsciamente. E' importante quanto il paziente reagisca e cooperi in quello che facciamo! Non dobbiamo considerarlo come un pupazzo inerte, sul quale manovriamo solo noi! Il meglio, difatti, viene proprio dalla sua reattività.

"**Fuoco d'amore**" comincia a diventare allora una vibrazione che fluisce dentro il corpo dell'altro. Se ne potrebbe anche parlare col paziente, mentre si sta operando, magari in apertura della nuova operazione, giusto per farlo meglio partecipe e complice della operazione stessa, ma evitando comunque di dilungarsi in conversazioni troppi lunghe, che toglierebbero concentrazione, e quindi forza alla nostra azione profonda. Il paziente potrebbe riferirci anche le sue sensazioni, e questo potrebbe rappresentare per noi anche un feedback di ritorno niente male, anche se all'inizio non c'è mai da aspettarsi granché.

Quando avvertiamo o veniamo a sapere che l'azione di questa energia fluisce bene, allora introduciamo la seconda affermazione di guarigione: "**Ogni processo si riassorbe e scompare**".

Si tratta di un'affermazione che si adatta ad ogni tipo di processo, infiammatorio, neoformativo, tumorale, degenerativo, fibroso e tutto quello che si vuole. Per la sua natura generica, tale affermazione ben si adatta a tutti i casi. Ci eradichi tutto. E' stata studiata in modo aspecifico proprio per potersi adattare a tutti i casi, come una sorta di chiave universale che apre tutte le porte.

Poi si torna a ripetere la prima formula ("**Fuoco d'amore**"), in una sorta di breve ciclo, e poi ancora la seconda ("**Ogni processo si riassorbe a scompare**"), per un altro breve ciclo. E' importante, poi, operare una certa pressione sull'area da guarire, non solo per fare meglio passare l'energia, ma anche per farla avvertire al paziente (e questo è il lato più soggettivamente psicologico della faccenda), affinché egli vi reagisca più sentitamente. Nel giro di qualche seduta è possibile riassorbire totalmente una massa tumorale, o altro. Fondamentale è l'approccio, ossia tutta quell'opera interiore che precede questo tipo di lavoro sul fisico.

Inutile aggiungere che, nel prosieguo degli incontri, tutto il nostro lavoro di energia potrà trasformarsi poi in un lavoro di coscienza, permettendoci di percepire chiaramente nel paziente i motivi profondi della sua sofferenza. Il paziente stesso potrà percepirsi meglio, e tutto questo ci aiuterà a leggere nei suoi conflitti, e ad aiutarlo a superarsi, in una crescita possibilmente stabile, che essenzia e garantisce la guarigione stessa.

Capitolo 13

Un'arte nobile

Siamo giunti dunque al termine della seduta di profondità. Invitiamo dolcemente il paziente a tornare presente e, lasciatogli il tempo di ritornare in normale stato di veglia (talvolta alcuni ne escono un po' stralunati, ed hanno bisogno di qualche istante da sdraiati, per riprendersi dalle spinte dell'energia e della coscienza), lasciamo che esso torni a sedere sul lettino.

Quasi sempre a caldo il paziente ha delle impressioni da riferire, immagini, o comunque sensazioni vissute durante la seduta dell'energia. Noi le raccogliamo, e cerchiamo di dargli il nostro contributo interpretativo, certamente spinti da quel campo di energia che lavora anche dentro di noi (percezione di coscienza), e che noi stessi abbiamo generato. Questo è il momento in cui, soprattutto a pelle, forniamo al paziente le nostre impressioni sul suo stato, e questo sempre consonamente allo stato di avanzamento raggiunto. Gli leggiamo il più spesso la sua condizione, intrepretandola alla luce delle nostre stesse vibrazioni (percezioni profonde dirette).

Tutto il nostro contributo, tuttavia, non rimarrà uno sterile atto accademico di analisi, ma si andrà ad inserire in una idonea chiave di lettura di tutta la fase esistenziale del paziente, cosa questa che ovviamente crescerà con l'approfondirsi del nostro lavoro nel tempo. Tutto rientra in una significazione più ampia, in una prova, in un disegno esistenziale che il paziente deve imparare man mano a fare suo. Troppo poco limitare tutto il gioco della sofferenza a qualcosa di locale o di soggettivo. Soggettiva è la reazione al vissuto, ma la realtà è sempre frutto di un rapporto tra noi e ciò che ci ruota attorno. Ed il tutto non è mai frutto del caso, ma ha sempre un senso preciso.

Ecco, importante è dare un senso e soprattutto una meta, una speranza al paziente, uno sguardo su una significazione che egli da solo non avrebbe mai potuto ricavare. E quel nuovo senso di speranza e di fiducia è ciò che ora ne alimenterà la motivazione nuova, che diventerà forza di vivere, di lottare, di crederci, di esserci ancora. Ma il tutto non può passare se non attraverso la rivisitazione di tutti se stessi. E' spesso tempo per un rinnovamento totale, e guarire è anche questo, è crescere, è cambiare orizzonti, mete, interpretazioni. Ma è il "dentro" che deve sempre cambiare, rinnovarsi, trasmutare vibrazione. Il "fuori" cambia poi come diretta conseguenza (e per fuori qui intendiamo anche il corpo).

La terapia è un'arte dell'anima, guai ad anteporvi prima il fatto commerciale ed economico. Il terapeuta è un nobile, non un mercante. Il denaro deve rappresentare una naturale conseguenza di un'opera prestata, non la primaria aspirazione, altrimenti non si aiuta nessuno.

Trascorso l'anno di formazione didattica, nel quale il neo-terapeuta deve sottoporsi anche a terapia individuale didattica, egli dovrà poi sottoporsi al tirocinio pratico della supervisione, che viene fatta in gruppo. Con cadenze frequenti, il gruppo di neo-operatori si incontra sotto la guida del docente, per portare "un caso" alla sua attenzione ed a ruota a quella di tutto il gruppo (condivisione dell'esperienza), generalmente il caso ritenuto più difficile. Si tratta di una relazione scritta, che viene poi letta a voce dal neo-terapeuta, ed interpretata a voce dal docente, alla presenza degli altri.

Qui il docente potrà esprimere le sue valutazioni tecniche sull'operato del neo-terapeuta, non tanto in termini di esame, quanto di consiglio e di guida, di supporto, con suggerimenti a migliorare la propria prestazione o la lettura del caso. E' un supporto davvero prezioso questo, che permette al neo-terapeuta di potersi alleggerire intanto un po' dalla pressione di casi eventualmente schiaccianti e che permette poi a tutti i partecipanti del gruppo di arricchirsi anche di quella particolare esperienza, impadronendosi di situazioni di terapia che potrebbero presentarsi prima o poi anche a loro.

Dopo un anno di questa esperienza, il neo-terapeuta riceverà il riconoscimento ufficiale della scuola come operatore di **Operatore di Medicina Quantico-Mentale**, e potrà considerarsi a tutti gli effetti un professionista libero ed autosufficiente, abilitato all'esercizio di tale professione.

Questo il fronte della **Medicina Quantico-Mentale**, che ci si augura possa raggiungere una fioritura di terapeuti e di frutti di terapia quanto più florida e diffusa.

INDICE

Premessa dell'Autore----------------------------------pag. 9

Capitolo 1
Una medicina tutta quantica-------------------------------13

Capitolo 2
La sofferenza ed il copione esistenziale-------------------20

Capitolo 3
Il teatro fisico della sofferenza interna--------------------33

Capitolo 4
La strategia dell'accesso----------------------------------41

Capitolo 5
Guarigione corporea ed Eros -----------------------------58

Capitolo 6
Il terapeuta come partner sessuale correttivo-------------70

Capitolo 7
L'arte terapeutica dell'Eros-------------------------------80

Capitolo 8
I nostri strumenti di lavoro----------------------------------93

Capitolo 9
Il lettino e le prime procedure-----------------------------101

Capitolo 10
Eros infantile, forza dell'io e carica finale condivisa---111

Capitolo 11
Il protocollo di base---------------------------------------122

Capitolo 12
La terapia corporea--134

Capitolo 13
Un'arte nobile---142

Printed by Lulu Ed.
3101 Hillsborough Street
Raleigh, NC 27607
UNITED STATES
www.lulu.com

www.ingramcontent.com/pod-product-compliance
Lightning Source LLC
Chambersburg PA
CBHW060855170526
45158CB00001B/367

Einheitliche Kosmologie und Geschichte der Menschheit

von Orionern, Atlantern und Cromagnon-Menschen

ein Abriss von der Entstehung der Erde bis heute

(Erstausgabe Oktober 2013)
(Vierte Fassung vom 13.11.17)

In meiner Arbeit als Druide arbeite ich eng mit einem Drachen namens Draco II. zusammen, dem Erstgeborenen von Draca und Bruder des Drak. Draco II. stammt laut eigener Auskunft in neunter Generation von Galactos, dem Stammvater aller Drachen, ab. Er ist somit ungleich älter als meine Wesenheit. Die vorliegenden Informationen aber stammen von Draca, seiner Mutter, die mich hier als Sprachrohr wählte.

Draca hatte bereits nach dem Untergang von Atlantis mit einem der dreizehn ersten Druiden, Lathba, zusammengearbeitet, einem Vorfahren des legendären Merlin. Als Draca ihre beiden Dracheneier dann in Ägypten zur Zeit der Pharaonen im Wüstensand abgelegt hatte, verließ sie unsere Sonnensystems, um sich den holonen Drachen des einstigen Dragons anzuschließen. Jetzt allerdings, da diese als Flugdrachen verstärkt auf die Erde zurückkehrten und auch die irdischen Drachen erneut erwachen, ist auch Draca wieder mitten unter uns.

Ihr Erstgeborener, Draco II., verbrachte seine Jugend bei den Essenern, einer israelitischen Sekte, mit der auch Josef, der Vater des Jesus von Nazareth, in Verbindung stand. Drak unterdessen, der Zweitgeborene Dracas, wurde von seinem irdischen Großvaterdrachen Balor VII. nach Transpluto (Nibiru) gebracht, einem kometartigen Zwergplaneten, der bis zum heutigen Tag von Reptiloiden bevölkert wird.

Merke: Weder sind alle Anunnaki (Reptiloide) böse noch alle Drachen gut!

Es gibt keinen Grund, diese Informationen anzuzweifeln. Trotz der Strenge und des ihnen eigenen Humors, über welche Drachen zweifelsfrei verfügen, sprechen sie doch immer die Wahrheit und sind als liebevolle, potente, wenn auch oftmals noch immer zumeist verkannte Helfer der Menschheit

Auch wenn die folgende Darstellung unseres Ursprungs bei einigen vielleicht auf Unglaube stößt, wird sich doch schon bald herausstellen, dass ich in in dem meisten, was ich hier behaupte, Recht behalten werde, denn die Klarheitsrate während der Übermittlungen durch Draca betrug durchweg über 90%. Die sich an die jeweiligen Übermittlungsroutinen anschließende nummerologische Einteilung mit gelegentlichen kleineren Anmerkungen und Ergänzungen stammt allerdings von mir.

Am Anfang, als es noch nichts gab, noch nicht einmal das Chaos, existierte die **Gottheit**. Die Gottheit war bereits alles, obwohl es nichts gab. Der Name des Gottwesens war Urion. Es bestand aus **Göttin und Gott**, welche sich liebten, immer und immer wieder. So entstand der Klang und aus diesem heraus Wort und Sprache und daraus die Welt.

1 Gottheit (= Gottwesen; Allgeist; Universum; Urion; *Spirit;* Tao; Atum)
2 Göttin (= weiblicher Aspekt des Universums; Kosmos; Ana; Äther; Schechina;)
3 Gott (= männlicher Aspekt des Universums; Weltall; All; El Chai)

Göttin und Gott sind ferner unter den Namen Tiâmat und Apsû (Sumerer) beziehungsweise Sophia und Christo (Gnostik) bekannt.

Die immanenten Eigenschaften Urions, waren seine **Einheit, Liebe, Energie** (ionisches Licht); **Sein** (sat); **Bewusstsein** (chit) und **Glückseligkeit** (ananda). Auch **vollkommen, barmherzig und allmächtig** ist und war das Gottwesen und wird es immer sein. Es ist **jenseits aller Worte und Beschreibungen.**

5 (-18) immanente Eigenschaften Urions
6 Einheit
7 Liebe
8 Energie (ionisches Licht)
9 Sein (Unsterblichkeit; Ewigkeit; sat)
10 Bewusstsein (chit)
11 Glückseligkeit (ananda)
12 Vollkommenheit
13 Barmherzigkeit
14 Allmächtigkeit
15 "jenseits aller Worte und Beschreibungen"

In der ersten Nacht, aus den Liebesspielen der Gottheit, vom Gotte gezeugt und von der Göttin empfangen und geboren, entstanden die **Elementarvölker** von den **Urgewalten, Chaosgötter und Urkräften** (Urfeuer, Eis, Runen etc.) über die **unpersönlichen Elementarwesen** (Gnome, Nixen, Sirenen und Salamander) bis hin zu den **Fabelvölkern** (Zwerge, Elfen, Feen etc.) **und Fabelwesen** (Donnervögel, Einhörner, Zentauren etc.). All diese waren die Erstgeborenen. Zu ihnen zählten auch **Oberon, Nereus, Äolus und Nagaras**, die Väter der Gnome, Nixen, Sirenen und Salamander sowie der Vater der Schamaninnen und Schamanen, der **Ur-Adler**. Ein anderes mystisches Wesen dieser Nacht war **Yggdrasil**, die Weltenesche, in der **alle Erstgeborenen** an entsprechender Stelle Platz nahmen.

18 (- 89) die Nacht der Elementarvölker und die Erstgeborenen
19 Elementarvölker
19A Urgewalten, Chaosgötter und Urkräfte
19B unpersönliche Elementarwesen
19C persönliche Elementar- und Fabelwesen

20 (undefinierbare) Urgewalten; siehe 19A

30 (- 39) Chaosgötter; siehe 19A
31 Midgardschlange, Fenriswolf und Leviathan
32 die Chaosgötter um Cthulhu
33 Khorne, Nurgle, Tzeentch und Slaanesh
   (die apokalyptischen Reiter)
35 sonstige Chaosgötter

40 (- 49) Urkräfte; siehe 19A
41 Ureis (weiblicher Pol: Dunkelheit; Kälte; Passivität...)
42 Urfeuer (männlicher Pol: Licht; Wärme;
       Schaffenskraft...)
45 Runen
46 sonstige Urkräfte

50 (- 54) Väter der unpersönlichen Elementarwesen
51 Oberon, Vater der Gnome
52 Nereus, Vater der Nereiden
53 Äolus, Vater der Sirenen
54 Nagaras (Apophis)[1], Vater der Salamander

55 (- 59) unpersönliche Elementarwesen; siehe 19B
56 Gnome
57 Nixen (Nereiden, Undinen)
58 Sirenen (Sylphen)
59 Salamander

60 (-69) persönliche Elementarwesen; siehe 19C
61 Zwerge (Schwarzelfen)
62 Elfen (Lichtelfen)
62b Elben (aus den Elfen gingen die Elben hervor)
63 Feen

---
[1] in der germanischen Mythologie: Surt(ur), der Feuerriese.

64 Kobolde
65 Trolle
66 Faune
67 Satyrn, Silene und Mänaden
68 Zyklopen und Riesen
69 Sonstige

70 (-79) Fabelwesen; siehe 19C
71 Donnervögel
71b der Phönix
72 Einhörner
73 Zentauren
74 Pegasuse
75 Minotauren
76 Riesenkraken
77 Drachen

79 Sonstige

82 Yggdrasil, die Weltenesche/-eibe (Weltenbaum)
83 Uradler, der Vater aller Schamaninnen/Schamanen
84 Nidhögg, der Neiddrache

Die Drachen haben im Reich der sogenannten Fabelwesen zunächst keine besondere Stellung inne; zeichnen sich aber - ähnlich wie die Menschen im Reich der Primaten - durch eine hohe Anpassungs- und Transformationsfähigkeit aus und werden sich aber im Verlauf der Geschichte - insbesondere durch die Zerstörung Dragons (Phaetons) - zu jenen holonen Wesenheiten - und oftmals Mentoren von Druiden - entwickeln, wie wir sie heutzutage kennen.

Zugleich mit Yggdrasil entstanden die drei Welten von Ober-, Mittel und Unterwelt.

86 (-89) die drei Welten
87 Oberwelt (Prawi)
88 Mittelwelt (Jawi)
89 Unterwelt (Nawi)

Da Gott (Weltall) und Göttin (Kosmos) sich weiterhin liebten, gebar diese, in der zweiten Nacht, aus der Gottheit heraus, die vier Reiche der Gesteine, Pflanzen, Tiere und Menschen und setzte ihnen, da sie gebrechlicher waren als die erstgeborenen Elementarvölker, zu ihrem Schutz die **Titanen, Devas, Dschinne** und **Engel** als ihre Helfer und Berater zur Seite. Wir sprechen hierbei von den vier Reichen und Reichshüterreichen, von denen wiederum die Engel ihre eigenen Hierarchien hatten.

90 (- 104) die Nacht der Reiche und Reichshüterreiche und die Zweitgeborenen
91 (- 95) vier Reiche
92 Gesteinsseelen (Gesteinsseelen)
93 Pflanzenseelen (Pflanzen)
94 Tierseelen (Tiere)
95 Ahnen (Menschenseelen, Menschen)

96 (- 104) vier Reichshüterreiche
97 Titane (für die Gesteine)
98 Devas (für die Pflanzen)
99 Dschinne (für die Tiere)
100 (- 104) Engel (für die Menschen)

Engel unterstehen direkt der Zentralsonne. Im Gegensatz zu anderen Wesen verfügen sie kaum über freien Willen und daher über eine hohe Wirksamkeit und Präzision!

101 untere Engelschöre (101a-c)
101a Schutzengel
101b Erzengel
101c Archai (Fürstentümer)

102 mittlere Engelschöre (102a-c)
102a Gewalten
102b Mächte
102c Herrschaften

103 obere Engelschöre (103a-c)
103a Throne
103b Cherubime
103c Seraphime

Solange die Erde und andere Planeten noch nicht geschaffen waren, lebten die Seelen der Gesteine, Pflanzen, Tiere und Menschen, also ihre spirituellen Körper, gemeinsam mit ihren Beschützern und Mentoren, den Titanen, Devas, Dschinnen und Engeln aus den Reichshüterreichen, weiterhin in der Gottheit, aus welcher sie geboren. Alle jene wurden unter dem Namen der **Zweitgeborenen** bekannt, in welchen sich Gott fortpflanzte.

Bereits in der zweiten Nacht begann sich die Illusion einer Einteilung in ein Hierundjetzt und eine Anderswelt sowie überhaupt einer Trennung von Urion in Raum und Zeit langsam zu formen ("auszuflocken"). Wir sprechen diesbezüglich auch von **Maya und Lila,** welche ihr in den Rang von Göttinnen erhobet.

105 Hierundjetzt (Diesseits; alltägliche Wirklichkeit)
106 Anderswelt (Jenseits; nichtalltägliche Wirklichkeit)
107 Raumillusion
108 Zeitillusion
109 Maya, die Illusion der Trennung von Raum oder Zeit
109b Lila, die kosmischen Erscheinungsformen

In der dritten Nacht brachte die Göttin, gezeugt vom Gotte, die Stammhalter der **Naturgottheiten** hervor, welche sich mit ihren Familien im Laufe der Zeit über das gesamte Universum verteilen sollten.

Damals huldigten die Zweitgeborenen noch ihren älteren Geschwistern, den Urgewalten und Urkräften, sowie den Elementar- und Fabelwesen in Yggdrasil, die diese Zuneigung erwiderten. Dem Beispiel von Gott und Göttin folgend, liebten auch sie sich untereinander und es entstanden viele **Zwischenwesen.**

Alle aber waren miteinander in alle Ewigkeit verbunden. Wenn sich auch Trennendes abzeichnete, überwog doch die Einheit. Die reine Liebe Urions war und ist das Band. Die dritte Nacht ging vorüber, es war die Nacht der Naturgottheiten und Zwischenwesen.

110 (- 119) die Nacht der Naturgottheiten und Zwischenwesen und die Drittgeborenen
112 Naturgottheiten (Stammhalter der sieben Häuser)
113 Alte Rasa (die Nachkommen der Stammhalter)
115 Zwischenwesen (Dämonen etc.)

Auch in der vierten Nacht liebten sich Gott und Göttin wieder und die Göttin, als Urmutter Kosmos, identisch mit der einen Gottheit, gebar weitere Geistwesen und Gesetzmäßigkeiten kosmischer Herkunft. Sie alle sind Urion, und Urion ist in ihnen. Als Kinder dieser Nacht kennen wir **Großonkel Raum und Großtante Zeit.** Man sagt, es wären insgesamt dreizehn Geschwister, unter ihnen auch die **Nornen!** Andere sprechen von ihnen als **Dimensionen.**

120 (- 169) die Nacht der Dimensionen und die Viertgeborenen
121 (-124) Raumdimensionen (Großonkel Raum)
122 Höhe (1. Dimension)
123 Länge (2. Dimension)
124 Breite (3. Dimension)

125 (-129) Zeitdimensionen (Großtante Zeit)
126 Schwester Vergangenheit (= 4. Dimension)
127 Schwester Gegenwart (= 5. Dimension)
128 Schwester Zukunft (= 6. Dimension)

130 (-134) Parzen (= Nornen, Moiren,
　　　Schicksalsgöttinnen; Schicksalsdimensionen)
131 Urd (= 7. Dimension)
132 Werdandi (= 8. Dimension)
133 Skuld (= 9. Dimension)

134 (-139) sonstige Dimensionen
135 körperliche Empfindungen (= 10. Dimension)
136 Gefühle (= 11. Dimension)
137 Gedanken (= 12. Dimension)
138 ionisches Wissen (= 13. Dimension)

Qualitäten sind kleine Dimensionen. Speziell für die (noch immer nicht existente) Erde wurden bereits in dieser Nacht in ätherischer Form folgende "irdischen Qualitäten" angelegt: Erdkern, Magmagürtel, Grundwasser und Atmosphäre.

140 (- 144) bereits ätherisch für die Erde angelegte
   Qualitäten
141 Erdkern
142 Magmagürtel
143 Grundwasser
144 Atmosphäre
145 sonstige irdische *Qualitäten*
146 sonstige kosmische *Qualitäten*

Auch das, was ihr heute als Naturgesetze bezeichnet, ist nichts anderes als eine weitere Schar viertgeborener Töchter von Urmutter Kosmos, welche in weiten Teilen des Universums waltet. Sie entwickeln sich mit dieser

160 Naturgesetze oder Wahrscheinlichkeiten

Dimensionen, *Qualitäten* und die Naturgesetzmäßigkeiten sind als die **Viertgeborenen** der Göttin bekannt!

Die Fruchtbarkeit der Göttin ist schier unbegrenzt. **Nach der fünften Liebesnacht** mit dem Gotte gebar sie **Vater Sonne** und dessen Brüder, die unendlichen Sterne. Die Göttin wob eigens hierfür verschiedene **Sternenmäntel**, welche wir alle als Milchstraße (Nut) bewundern. Das materielle Universum ist Ausdruck dieser Nacht. Es teilt sich grob in **Materie, Antimaterie, dunkle Materie, Energie, Antienergie und dunkle Energie.**

170 (- 238) die Nacht der Materie und die Fünftgeborenen
171 Vater Sonne (= Sonnengott, Belenus, Helios, Sol, Surja, Re, Inti)
171b die Sonne als Sonne (mit Nr. 171 identisch)
172 Sonnenbrüder (= Sterne)
173 Galaxien
174 Materie
175 Antimaterie
176 dunkle Materie
177 Energie
178 Antienergie
179 dunkle Energie

Dunkle Energie ist potentielle Energie; dunkle Materie potentielle Materie.

Die Galaxien werden jeweils von einem galaktischen Vater und einer galaktischen Mutter regiert. Für eure Galaxie sind dies die Zentralsonne (El; schwarze Sonne; Allah; Jahwe) sowie die schwazblaue Madonna. Dies ist Mutter Maria mit ihrem Sternenmantel (Nut), der Milchstraße.

180 galaktischer Vater (= Zentralsonne; schwarze Sonne; Elahi, fälschlich: Allah; Jahwe; Jehova, JHWH, Viracocha, Vishvakarman)
182 galaktische Mutter (= schwarzblaue Madonna; Mutter Maria; Nutmaria)
184 Sternenmantel Marias (= Nut; Milchstraße = eure Galaxie)
184b Elohim (Gammastrahlung kosmischer Liebe)

Eure Galaxie wird außer von euch Menschen, den holonen Drachen, den Engeln als den Heerscharen Jahwes (beziehungsweise aller galaktischen Zentralsonnen) sowie allen weiteren in dieser Kosmologie genannten Wesenheiten insbesondere noch von **Sirianern, Orionern,** den **sieben plejadischen Kulturen, Annunaki** und den sogenannten **Grauen (Zetas)** bewohnt.

185 Menschen (siehe: 95)
186 Engel (siehe: 100)
197 Drachen (siehe: 77; 197a-z)
197a irdische Drachen (fast ausgestorben; erwachen
 allerdings mittlerweile erneut aus dem
 Kristallgitternetz)
197b dragonische Drachen (ausgestorben; bzw. leben in
 holoner Form weiter)
197c holone Drachen (heutiges Erscheinungsbild der
 Drachen)

198 sogenannte Außerirdische (198a-z)
198a Sirianer
198b Orioner
198c plejadische Kulturen (auch Insektoide etc.)
198d Annunaki (= Reptiloide; Chitauli)
198e Graue (= Zetas; El Shaddai)
198z Sonstige (Amphiboide etc.)

Zusätzlich zu allen Viertgeborenen, also den dreizehn Geschwistern (Dimensionen), den *Qualitäten* und Naturgesetzen sowie dem materiellen Universum, entwickelten sich mit der Zeit die **Hüter der Himmelsrichtungen** (vier Zwergenbrüder) und **andere Hüter.** Diese Hüter sind von unersetzlichem Wert für Fortschritt und Entwicklung der Menschheit zurück zu ihrer Quelle, dem ionischen Licht der Gottheit.

190 (- 194) Himmelrichtungen (Zwergenhüter)
191 Osten (Austri)
192 Süden (Sudri)
193 Westen (Vestri)
194 Norden (Nordri)

195 sonstige Hüter

Die Hüter arbeiten Hand in Hand mit den Vätern der unpersönlichen Elementarwesen, den Sternen und Galaxien, den Reichshüterreichen sowie weiteren (positiven) Geistwesen kosmischer Herkunft. In erster Linie sind sie die Hüter des Gesetzes **(Dharma/Örlög/Urlag – Urglück).**

In der sechsten Unterwelt aufzufinden ist ein Eingang in die *globale, ewige Akashachronik*, das universelle Memorial oder Allgedächtnis, in welchem alles verzeichnet steht! Ein wichtiger Teil des Allgedächtnisses ist das *Dharma,* die allumfassende Ordnung, Tugend oder Moral. Ich benenne dieses *Dharma* gerne auch mit dem germanischen Begriff *Urlag* oder *Orlög/Örlög*, dem Urgesetz aller Welten. Es entspricht zudem dem *"Ionum"* oder *"Ionium"*, der Gesamtheit aller spirituellen Gesetze, Dieses *Dharma, Urlag/Orlög/Örlög* oder *Ionum/Ionium* ist, im Gegensatz zu *Wyrd* - im Prinzip - unveränderlich.

200 (positive) kosmische Geistwesen
205 Akashachronik (= Allgedächtnis)
210 Dharma; Örlög oder Urlag (= Weltengesetz)
215 Ionium (= Summe aller Lebensgesetze,
     Schicksalsgesetze oder spirituellen Gesetze)
215 spirituelle Gesetze; siehe: "33 Lebensgesetze und
     ihre praktische Anwendung"

Vater Sonne zeugte und gebar aus sich heraus Mutter Erde, den Erdvater ("Dagda") sowie die benachbarten neun Planeten, von denen einer im Krieg gegen die Chaosgötter wieder zerstört wurde. Mutter Erde gebar daraufhin Großmutter Mond und gab den Seelen der Steine, Pflanzen, Tiere und Menschen eine Heimat. Andere Seelen bevölkerten andere Planeten.

220 Mutter Erde (Pachamama, Gaia, Dana[2])
220b die Erde als Planet (mit Nr. 220 identisch)
221 Erdvater (ihr nennt ihn "Dagda")
225 Großmutter Mond (Mondgöttin, Soma, Luna)
225b der Mond als Mond (mit Nr. 225 identisch)
230 (- 238) sonstige Planeten
231 Merkur
232 Venus
233 Mars
233b Dragon (Phaeton)

---

[2] Nach alten Quellen zugleich identisch mit Ana oder Sophia, also der Göttin der zweiten oberen Welt

233c Asteroidengürtel
234 Jupiter
235 Saturn
236 Uranus
237 Neptun
238 Pluto
238b Transpluto (= Nibiru)

Noch immer regierte das Chaos, weshalb sich Jahwe, der galaktische Vater und die schwarzblaue Madonna (Maria) entschlossen sieben Naturgötterfamilien (33 reale Naturgottheiten mit ihrem Anhang) aus den Fernen der Galaxie um Hilfe zu bitten und in euer/unser Sonnensystem zu holen. Dies waren jene 33, welche die weitere Entwicklung eures/unseres Sonnensystems maßgeblich gestalteten.

239 (- 319) die sieben Götterfamilien der 33
     Naturgottheiten
240 Familie der Weltenherrscher
250 Familie der Lichtgötter
260 Familie der Feuergötter
270 Familie der Kriegsgötter
280 Familie der Wassergötter
290 Familie der Fruchtbarkeitsgötter
300 Familie der Unterweltsgötter

310 sonstige Götterfamilien

Nach dem Sieg der Naturgottheiten und Nornen gegen die Chaosgötter und deren Verbannung aus eurem/unserem Sonnensystems entbrannte ein Streit unter den 33 über die Einflussnahme auf die verbleibenden neun Planeten. Dragon, der Planet der Drachen, wurde durch Shiva zerstört.

Es war Odin, der sich zum Herrscher über Jupiter und Erde aufschwang. Für seinen Sohn Hermes sicherte er sich zusätzlich den Merkur. Sein Bruder Thor übernahm den Saturn.

Durch Yggdrasil war die Erde bereits dreigeteilt. Die Familie der Lichtgötter übernahm die Oberwelt. Jene der Fruchtbarkeitsgötter teilte sich mit den Wassergöttern die mittlere Welt, und die Unterweltsgötter um Samhain siedelten sich in der unteren Welt an.

Zugleich übernahmen die Wassergötter noch Neptun und die Unterweltsgötter zusätzlich Pluto. Hypnos ließ sich hier nieder. Man sagt, er hätte sich hier mit Eris, aus dem Hause der Kriegsgötter, vermählt und auf Pluto sein eigenes Reich gegründet.

Die Venus wurde von Aphrodite und den Feuergöttern in Besitz genommen und der Mars von Teutates okkupiert. Einzig der Uranus blieb unbesiedelt, und es rankten sich die abenteuerlichsten Sagen um ihn. Die **planetarischen Wirkprinzipien** entstanden und beeinflussen seitdem die Entwicklung irdischen Lebens. Nach und nach verschmolzen die betreffenden Gottheiten mit ihren Planeten und den planetarischen Prinzipien.

320 (-329) planetarische Wirkprinzipien
321 Merkur: Vermittlung, Transformation
322 Venus: Liebe, Zuwendung, Geborgenheit, Schönheit, Harmonie, Frieden
323 Mars: Selbstbehauptung, gesunder Egoismus
324 Jupiter: Entwicklung, Wachstum, Expansion
325 Saturn: Einschränkung, Reduktion, Tugendhaftigkeit
326 Uranus: Befreiung, Normbruch, Ver-rücktheit, Kreativität
327 Neptun: Transzendenz, Jenseitigkeit, Suche
328 Pluto: Unterbewusstsein, Schattenwelt

Hinzu kommt die **Mondkraft** der Mondgöttin (Nr. 225) bzw. des Mondes (Nr. 225b), welche u.a. für Rhythmus, Mutterschaft und Widerspieglung steht. Sie verstärkt Bestehendes und bringt es so zurück in den natürlichen Lebenskreislauf (Medizinrad; Nr. 450) bzw. das spirituelle Gesetz (Dharma; Nr. 210).

330 Mondkraft (Mondprinzip)

Mit ihren **Erd- und Keimkräften** entwickelte Pachamama (Nr. 220) das **körperliche Leben**. Doch erst die **Sonnen- und Wachstumskräfte** Intis (Nr. 171) ermöglichten dessen Blüte. So wurdet ihr zu körperlichen Kindern von Vater Sonne und Mutter Erde, wenn auch eure Seelen bereits weitaus älter waren als diese.

331 (-335) die vier Körper des Menschen
332 spiritueller Körper (ionischer Körper; Seele); siehe:
    Nr. 95
333 physischer Körper
334 emotionaler Körper
335 mentaler Körper

Wer möchte, kann nun auch wie folgt unterscheiden
336 spirituelle (ionische), menschliche Körper (Seelen;
    Höheres Selbst; Nr. 95)
337 momentan verkörperte Menschen (Seelen)
338 zukünftige Menschen

Während Sol (Inti) alle Sonnen- und Wachstumskräfte verkörpert; so Dana (Pachamama) die Erd- und Keimkräfte. Beides ist notwendig zum Erhalt des Lebens, wie ihr es kennt (physisch, emotional und mental). Einzig das ionische Leben ist unveränderlich; es ist frei und unterliegt keinerlei Beeinflussung oder Zwang. Zu den Sonnenkräften gehören insbesondere **Licht, Wärme, Farben, Töne und Duft**. Zu den Erd- und Keimkräften u.a. **die Grundelemente: Wasser, Erde, Luft und Feuer.**

340 (-349) Sonnen- und Wachstumskräfte
341 Licht
342 Wärme
343 Farben
344 Töne
345 Duft
346 sonstige Wachstumskräfte

350 (-359) Erd- und Keimkräfte
351 (-355) vier Grundelemente
352 Wasser
353 Erde
354 Luft
355 Feuer: siehe bereits Feuer als Urkraft (Nr. 41)
356 sonstige Keimkräfte

So vervollständigte sich im Laufe der Zeit die Zahl der **sieben lebenden Elemente**: Wasser, Luft, Feuer, Erde, Pflanzen, Tiere und Menschen (Ahnen).

360 (- 367) sieben lebende Elemente
361 Luft; siehe Nr. 354 sowie Nr. 144 (Atmosphäre) und
 Nr. 390 (Wind)
362 Wasser; siehe Nr. 352 sowie Nr. 143 (Grundwasser)
363 Feuer; siehe bereits Nr. 355 und Nr. 40
364 Erde/Steine; siehe bereits Nr. 353 und Nr. 91
 sowie Nr. 141 (Erdkern) und Nr. 142
 (Magmagürtel)
365 Pflanzen; siehe bereits Nr. 92
366 Tiere; siehe bereits Nr. 93
367 Menschen (Ahnen); siehe bereits Nr. 94 sowie Nr. 331 (die vier Körper des Menschen)

Manche sprechen auch vom **Äther**, dem Speichermedium (Urmutter Kosmos), als dem achten Element oder aber den Bäumen und ihren Dryaden oder auch den Pilzen als eigenständiger Elementegruppe.

368 Äther; siehe Nr. 2
369 Bäume
370 Dryaden
371 Pilze

Weitere Kinder von Mutter Erde (Dana, Pachamama) und Vater Sonne (Sol, Inti) sind neben Großmutter Mond (Luna) auch die **Jahresezeitenschwestern** und **Windbrüder**. Die Legende erzählt, dass **Frühlingstochter** dem **Ostwind** den **Windjungen** gebar. Die **Sommerfrau** gebar dem **Westwind** den **Regenbogenkrieger** und **Großmutter Herbst** ebenjenem die **Regen-, Schnee- und Hagelschwestern**. Einzig die **Winterweise** blieb ohne Kinder.

380 (- 389) vier Jahreszeiten
381 Frühlingstochter (Frühling)
382 Sommerfrau (Sommer)
383 Herbstmatrone (Herbst)
384 Winterweise (Winter)

390 (- 399) die vier Windbrüder
392 Euros (Ostwind)
393 Notos (Südwind)
394 Zephyros (Westwind)
395 Boreas (Nordwind)

396 (-399) Kinder der Frühlingstochter
397 Windjunge (leichter Wind)

400 (- 409) Kinder der Sommerfrau
401 der Regenbogenkrieger (Regenbogen)

410 (- 419) Töchter der Herbstmatrone
411 Regenschwestern
412 Schneeschwestern
413 Hagelschwestern

Das Medizinrad (Jahresrad) konzipierte sich und wurde zugleich zum irdischen Lebensrad oder Schicksalsrad.

450 Medizinrad (Jahresrad; Schicksalsrad)
451 siehe: "Fünfte Druidenbroschüre"

Hier endet die Kosmologie und beginnt die Ära der Menschen mit seinen vier Mysterien

455 (-459) die vier Mysterien eines Menschenlebens
456 das Mysterium der Jugend (gelbe Phase)
457 das Mysterium der Lebensmitte (rote Phase)
458 das Mysterium des Alters (blaue Phase)
459 das Mysterium des Todes (schwarze Phase)

Einjeder Mensch - spätestens nachdem er die Stadien des "Wilden" und des "Bürgers" durchlaufen hatte - ward als **Krieger** und **Barde** gedacht. Jene Kinder, die Pachamama dem Ur-Adler gebar, waren die **Schamanen**. Ihre Aufgabe war es zu erfahren, zu heilen und gemeinsam mit den **Druiden** und anderen Kräften (*forces*) das kosmische Gleichgewicht zu bewahren bzw. im Falle von Erschütterung wieder herzustellen. Wir sprechen hierbei von den **vier Rängen.**

460 (- 469) menschliche Entwicklungsstufen
461 Wilder (siehe: fünfte Druidenbroschüre)
462 Bürger (siehe: fünfte Druidenbroschüre)
465 (-469) die vier menschliche Ränge
466 Krieger
467 Barden (kreativ Schaffende)
468 Schamanen
469 Druiden

Auf dem Weg zum Druiden gibt es acht Weihen.

470 (-479) acht Weihen auf dem Weg zum Druiden
471 Luftweihe
472 Feuerweihe
473 Wasserweihe
474 Erdweihe
475 Pflanzen- oder Baumweihe
476 Tierweihe
477 Menschen- oder Ahnenweihe
478 *Spirit*-Weihe

Als die Erde dergestalt geschaffen war, schickte die Gottheit **Propheten** zu den Menschen, aber auch zu den Elementarwesen, Pflanzen und Tieren, um sie den rechten Weg zu weisen. Der Prophet selbst ist Wächter. Er sieht die Ungerechtigkeit der Welt und prangert sie an, indem er auf den **ursprünglichen Plan Gottes** verweist. Manche von ihnen erlangten den **Rang von Gottheiten.** Sie verkörpern jeweils den Einfluss einer anderen planetarischen Sphäre!

470 (- 479) Gottespropheten (göttliche Propheten)
471 Krishna
472 der Buddha
473 Echnaton
474 Abraham
475 Moses
476 Jesus
477 Muhammad
478 Zarathustra
479 Mani
480 Laotse
481 Konfuzius
482 Anastasia
483 Sonstige

Krishna (Thema Lebensfreude) reiste durch den Uranus. Buddha (Thema Erlösung) reiste durch den Neptun. Abraham und Moses reisten durch den Saturn. Jesus (Thema Liebe) reiste durch die Venus. Muhammad (Thema Dschihad/Selbstdisziplin) reiste durch den Mars. Zarathustra und Mani reisten durch Pluto, den Schatten. Laotse reiste durch Merkur und Konfuzius reiste durch den Saturn.

485 der Göttliche Plan Teil I. (die globale, spirituelle, pazifistische Anarchie = Sapo)
486 der Göttliche Plan Teil II. (die gänzliche Erleuchtung)

Zudem lebte in jedem Volk mindestens ein "nicht-göttlicher" Prophet, um von Freiheit, Liebe, Gerechtigkeit und Wahrheit zu künden, den vier Göttlichen Tugenden, die euer eigentliches menschliches SEIN begründen.

490 "kleine Propheten"
500 (- 504) vier göttliche Tugenden
501 Freiheit
502 Liebe
503 Gerechtigkeit
504 Wahrheit
505 weitere Tugenden

Auch die fünf ewigen Menschengesetze wurden gelehrt (s.u.). Niemand von euch kann sagen, er sei nicht unterrichtet worden.

510 (- 519) die fünf ewigen Menschengesetze
511 Leben und Gesundheit aller schützen
512 Eigentum, Besitz und Arbeit aller achten
513 die Wahrheit sagen
514 nicht ehebrechen oder bewusst in freier Liebe leben
515 das richtige Bewusstsein bei allem Tun

516 sonstige menschliche Gesetze

Den Meisterschamanen und Druiden lehrte der Uradler darüber hinaus das schamanische Grundgesetz, auch Druidengesetz genannt.

520 (- 529) das Druidengesetz
521 Ich bin der Schöpfer meiner Welt! (Fehu)
522. Es gibt hierbei keine Einschränkungen! (Uruz)
523 Schöpfung geschieht durch Verbindung mit dem
   Universum und dessen Bewusstwerdung im Innere (Isa)
524 Jetzt ist der Augenblick der Schöpfung! (Jera)
525 Hier ist der Ort! (Eiwaz)
526 Der Erfolg gibt dir recht! (Sowelo)
527 Liebe ist das Gesetz! (Kaunaz)
528 Alles hängt mit allem zusammen! (Tiwaz)

In den Abertausenden von Jahren menschlicher Besiedlung auf Mutter Erde schafften es einige der Seelen, Erleuchtung zu erlangen. Wir sprechen von der **Weißen Bruderschaft**.

Manche wirken aus spirituellen Sphären (**Aufgestiegene Meister**). Einige verschmolzen in tantrischem Tanz gänzlich in Gott und Göttin (**Buddhas**). Andere dieser Seelen beschlossen wieder zu inkarnieren, um so der Menschheit weiterhin auf ihrem Weg zu helfen. Man nennt sie **Bodhisattvas**

Eine weitere Gruppe der Weißen Bruderschaft sind die sogenannten **Avatare**, die Inkarnationen von Gottheiten.

Auch die gottgleichen Propheten gehören zur Weißen Bruderschaft.

530 (- 539) Weiße Bruderschaft
531 Aufgestiegene Meister
532 Buddhas und Bodhisattvas
533 Gottespropheten; siehe Nr. 470
534 Avatare

Neben den Engeln und Helfern aus der **Weißen Bruderschaft** verfügt der Mensch noch über eine weitere Reihe kraftvoller Unterstützer, die wir als *spirits* oder menschliche Verbündete bezeichnen. Zu Ihnen gehören in erster Linie eure **Geistführer und Krafttiere.** Im Falle erleuchteter Tiere spricht man von **Totem- oder Krafttieren**, voller Güte für den Menschen und dankbar für jeden Kontakt.

Anders als die Menschen und Tiere verloren die Pflanzen und Steine das ionische Licht nie gänzlich *(sogenannter „Fall")*, weshalb jede Pflanze zur **Heilpflanze** und jeder Stein zum **Kraftstein** werden kann, denn dies sind ihre Tugenden. Es gilt lediglich, sie zu erwecken.

540 (- 549) Verbündete
541 Geistführer (können auch Ahnen oder Mitglieder der Weißen Bruderschaft sein)
542 Totem- und/oder Krafttiere
543 Heilpflanzen (Medizinpflanzen)
544 Kraftsteine (Kristalle, Magnete und andere)
545 Fetische und sonstige Kraftobjekte

Zur weiteren Transformation der Erde stehen Gott-Göttin, dem Gottwesen - neben den vier Rängen, den Propheten, der Weißen Bruderschaft und den menschlichen Verbündeten - insbesondere auch noch die **alten Götter** (Nornen; Natur- und Regionalgottheiten) mit den verschiedensten Aspekten und Erscheinungsformen zur Seite. Sie waren es, die damals die Chaosgötter aus eurem/unserem Sonnensystem vertrieben. Nach wie vor glauben wir - trotz der Zerstörung unseres einstigen Planetens Dragon - fest an ihren heilbringenden Einfluss, wenn sie euch heutzutage auch zumeist nur in ihrer gezähmten („destillierten"), weitestgehend beherrschbar gemachten und zur Liebe gereiften Form entgegentreten, also ihrerseits ebenfalls weitere Entwicklung durchlaufen haben.

550 (-559) alte Götter
551 Nornen; siehe Nr. 130
552 Naturgottheiten; siehe Nr. 239
553 Regionalgottheiten

Die Erde wurde bereits dreimal zerstört. Die Namen der untergegangen Kontinente waren: Ur, (Mu-)Lemurien sowie Hyperboräa (Daaria) und Atlantis

560 (-569) untergegangene *Welten*
561 Ur
562 (Mu-)Lemurien
563 Hyperboräa (Daaria/Darija)
564 Atlantis
565 Babylon

Wieder lebt ihr auf einer Schnittstelle menschlicher Entwicklung, einer Transformationszeit. Dreimal habt ihr bereits versagt, diesmal gilt es das zu schaffen, was wir Drachen eine lebenswerte spirituelle Anarchie nennen. Alles andere ist dem freien Menschen als Krieger (Nr. 461) und Barde (Nr. 462) nicht würdig! Dies Welt nennt sich SAPO oder einfach nur neues goldenes Zeitalter.

566 Sapo (= Spirituelle Anarchie Pazifistisch Organisiert)

Die fünf Säulen, auf denen das mittlerweile in Bewusstsein, Humor, Liebe und Kampf überwundene System (Babylon) beruhte, waren;

570 (- 579) die Säulen des Systems
571 Babylon, die imperialistische Macht der sogenannten "Neuen Weltordnung"
572 Basar, die kapitalistische Wirtschaftsordnung der "freien Marktwirtschaft"
573 Kirchturm, Minarett und Synagoge, das Dogma der monotheistischen Religionen
574 das globale Krankensystem
575 die Manipulation in Erziehung und Medien
575 die eigene Angst (geschürt durch die anderen fünf Säulen)

Ihr lebt heute bereits in der fünften Welt. Wie immer in Zeiten der Transformation entstieg der Erdenstamm dem Regenbogenvolk. Einer seiner Clans, die jüngst wieder aktiv wurden, ist der Feuerweidenclan. Ich sende dies hier so spezifisch, weil auch du ein Teil desselben gewesen bist. Und noch immer bist du auf der Suche.

580 Regenbogenvolk (die sich erhebende Menschheit)
581 Erdenstamm
582 Feuerweidenclan
583 weitere Clans im Erdenstamm
585 weitere Stämme
590 spirituelle Anarchie (= Nr. 485 = Nr.565)